Representações espaciais na educação infantil

Conselho Acadêmico
Ataliba Teixeira de Castilho
Carlos Eduardo Lins da Silva
Carlos Fico
Jaime Cordeiro
José Luiz Fiorin
Tania Regina de Luca

Proibida a reprodução total ou parcial em qualquer mídia
sem a autorização escrita da editora.
Os infratores estão sujeitos às penas da lei.

A Editora não é responsável pelo conteúdo deste livro.
A Autora conhece os fatos narrados, pelos quais é responsável,
assim como se responsabiliza pelos juízos emitidos.

Consulte nosso catálogo completo e últimos lançamentos em **www.editoracontexto.com.br**.

Representações espaciais na educação infantil

Paula C. Strina Juliasz

Copyright © 2025 da Autora

Todos os direitos desta edição reservados à
Editora Contexto (Editora Pinsky Ltda.)

Ilustração de capa
Ilustração feita pelas crianças da EMEI João Mendonça Falcão
sob orientação da professora Dione Fonseca
(Arquivo pessoal da autora)

Montagem de capa e diagramação
Gustavo S. Vilas Boas

Preparação de textos
Lilian Aquino

Revisão
Mariana Carvalho Teixeira

Dados Internacionais de Catalogação na Publicação (CIP)

Juliasz, Paula C. Strina
Representações espaciais na educação infantil /
Paula C. Strina Juliasz. – São Paulo : Contexto, 2025.
128 p. : il.

Bibliografia
ISBN 978-65-5541-622-0

1. Pedagogia – Educação infantil
2. Percepção espacial
3. Cartografia – Educação infantil
4. Geografia – Educação infantil
I. Título

25-1265   CDD 372.21

Angélica Ilacqua – Bibliotecária – CRB-8/7057

Índice para catálogo sistemático:
1. Pedagogia – Educação infantil

2025

EDITORA CONTEXTO
Diretor editorial: *Jaime Pinsky*

Rua Dr. José Elias, 520 – Alto da Lapa
05083-030 – São Paulo – SP
PABX: (11) 3832 5838
contato@editoracontexto.com.br
www.editoracontexto.com.br

Um dia, quando criança, meu pai me disse:
"A gente sempre aprende com alguém."

Dedico este livro à memória, sempre viva, do meu pai.
Dedico à minha mãe.
Dedico ao Luís.

Sumário

Apresentação 9
Rosângela Doin de Almeida

Para iniciar, a memória 15

Espaço, construído socialmente 25

Vivência, a escola 61

Representação espacial, o desenho 91

Para seguir, a atividade criadora 113

Referências 121

A autora 125

Apresentação

O presente livro, escrito por Paula Juliasz, traz uma importante contribuição para a linha de pesquisa em Cartografia Escolar, acrescentando conhecimentos aos estudos sobre a educação infantil.

Além disso, a importância desta obra está no fato de que, em nosso país, ainda existem poucas publicações que deem subsídios teóricos e práticos para os pesquisadores e professores atuantes nessa área. Este livro destina-se principalmente aos professores de educação infantil e das séries iniciais do ensino fundamental, bem como a pesquisadores na área de Geografia Escolar e Cartografia Escolar.

Ele aborda a representação espacial, explorando a relação entre memória, desenvolvimento infantil e práticas pedagógicas.

O principal objetivo da autora foi compartilhar memórias de experiências com representação do espaço e do tempo por crianças de classes de educação infantil. Figuram entre essas experiências sua pesquisa de mestrado, a tese de doutorado e seus estudos mais recentes. O livro é, pois, a continuidade de seus estudos sobre representação espacial pelas crianças sob a ótica da teoria histórico-cultural de Lev Vigotski, tema de seu interesse há vários anos. Ela traz publicações mais recentes de textos deste autor, bem como novas leituras que ampliaram sua perspectiva interpretativa.

No decorrer dos capítulos, a autora insiste em reforçar a concepção que norteia seu trabalho: "os contextos culturais e sociais de aquisição dos instrumentos simbólicos e conceituais produzidos pela sociedade". É sobre esse pano de fundo que desenvolve sua argumentação a propósito das duas perguntas colocadas no início, a saber: *Como as funções psíquicas superiores e a atividade criadora envolvem-se na formação de um conhecimento relativo ao espaço? Quais elementos tornam o desenho um sistema de representação espacial capaz de mobilizar e ampliar o pensamento espacial?* Paula apoia-se na premissa de que se o pensamento espaçotemporal se inicia na infância, no interior dos grupos sociais, a educação infantil tem, então, um papel primordial na gênese da representação espacial por meio das práticas escolares. O desenho do espaço realizado por crianças desse segmento consistiu em seu recurso interpretativo, uma vez que representa o espaço e "concretiza conhecimentos socioespaciais". A inserção da cultura nesse pano de fundo tem importante destaque e comparece junto com as *funções psíquicas superiores* na composição do pensamento espacial. Essa colocação traz um enriquecimento para as discussões sobre a representação do espaço por crianças.

O texto discute ainda a importância da Geografia na compreensão do desenvolvimento infantil e do pensamento espacial. Reportando-se à Geografia da Infância, a autora comenta como os arranjos sociais influenciam as experiências e o desenvolvimento das crianças em diferentes contextos sociais e culturais. Cabe dizer que essa postura voltada para as questões sociais afirma a necessidade dos agentes que atuam no campo da Educação tomarem consciência de que é principalmente por meio da escola que será possível a aquisição de conhecimentos e valores democráticos.

As contribuições teóricas de J. Piaget, H. Wallon e L. Vigotski aparecem no capítulo "Vivência, a escola" com o objetivo de discutir o desenvolvimento humano quanto à aquisição da linguagem e o papel do corpo no processo de engendramento da representação do espaço tanto de forma natural quanto mediada pela escola. Embora essa questão já tenha sido abordada por outros autores, vale ser novamente discutida.

Os aspectos sociais da vivência escolar mencionados por Paula são: características espaciais; condições sócio-históricas; relações socioterritoriais; expressão por meio de diferentes linguagens.

Paula discute a relação entre espaço, cognição e práticas pedagógicas na educação infantil, dando destaque para o ambiente escolar como um espaço transformador que promove a relação entre crianças e conhecimento engendrado pela interlocução entre elas e pela interlocução com o professor e outros adultos. Ela destaca a presença de símbolos culturais (bandeiras e autorretratos) no ambiente escolar como elementos que denotam concepções e valores, mostrando como há uma imersão na cultura que muitas vezes não é considerada nas interlocuções, daí que a permanência ou a mudança depende de o quanto esses elementos culturais são vistos de modo consciente, o que acontece por meio da palavra, do discurso. Nesse sentido, a escolha da psicologia histórico-cultural como fundamento para entender o desenvolvimento das funções psíquicas superiores nas crianças. Além disso, o texto enfatiza a importância da linguagem na formação de representações mentais sobre o espaço, visto que as crianças não apenas absorvem influências culturais, mas também contribuem ativamente para a construção de seu meio.

Quero ressaltar um aspecto ímpar neste livro: colocar a *vivência* como um conceito central que relaciona o meio e a experiência individual, influenciando a formação do conhecimento. Nas palavras da autora: "A vivência é uma forma complexa da internalização do real pelo ser humano, o que abrange diversos aspectos da vida psíquica, indo além de uma visão fragmentada da experiência humana". Embora existam diversas publicações que apresentam essa questão, no ensino de Geografia e de Cartografia Escolar para as séries iniciais são poucos os autores que trazem contribuições teóricas e práticas a esse respeito no Brasil. O cerne dessa questão é que *sem* uma vivência bem sedimentada do ponto de vista pedagógico (apoiada na devida compreensão teórica que reverbera sobre a experiência dos alunos e com os alunos), a construção de conhecimentos pode não chegar à transformação do pensamento, ou chegar de modo truncado e fragmentado, o que gera um aprendizado com pouco ou nenhum significado. Além disso, diz Paula, o conceito de *vivência*, de acordo com o pensamento de Vigotski, contribui para que não se entenda o meio como determinante no desenvolvimento da criança, ao mesmo tempo que nega a ideia de aprendizagem espontânea, pois a criança interage com as influências externas, atuando de modo subjetivo e próprio de acordo com sua interpretação das situações que vivencia.

Ainda a esse respeito, Paula acrescenta o papel das funções psíquicas superiores, como memória e atenção, as quais também são mediadas por instrumentos culturais e sociais.

Já caminhando para o fechamento de suas reflexões, ela discute a relevância do desenho na educação infantil como meio de expressão e desenvolvimento cognitivo. Retomando suas publicações anteriores, afirma que a iniciação cartográfica ocorre através do desenho, já que as crianças representam espaços antes de dominar a escrita, sendo "uma forma inicial de escrita e expressão, refletindo cognição, cultura e afetividade". O desenho mobiliza funções psíquicas superiores, como memória e imaginação. Como mediação do pensamento espacial, o ato de desenhar tem paralelos com o ato de mapear.

Para concluir sua narrativa, Paula introduz a ideia de *atividade criadora* e sua relação com o pensamento espacial na organização didática de atividades de ensino (relação entre objetivos e conteúdo). O conceito de atividade criadora decorre da teoria histórico-cultural, pois tudo que foi criado pela humanidade (mundo da cultura) diferencia-se do mundo da natureza. O mundo da cultura resulta da imaginação e da criação humana, sendo que para criar é necessário antes imaginar. Daí que imaginação e memória engendram a atividade criadora, a qual inclui o trabalho educativo. Com essa argumentação, a autora aborda o conceito de atividade de ensino e práticas educativas, criadas com o propósito de desenvolver o que denomina de *consciência geográfica*, a qual se desenvolve com base nas funções psíquicas superiores proporcionadas em diferentes meios sociais como a escola.

Apresentação

Por fim, Paula destaca que a prática docente deve considerar as dimensões sociais e culturais, promovendo a formação do ser social e a consciência geográfica; o mapeamento realizado pelas crianças concretiza seu pensamento espacial e amplia seu conhecimento geográfico; o pensamento espacial é uma atividade cognitiva humana vital para a sobrevivência e reconhecimento social e cultural.

Eu não posso acabar esta apresentação sem dizer dos meus sentimentos ao escrevê-la: um misto de alegria e satisfação por ter sido convidada pela Paula para esta prazerosa tarefa. Mais que isso, por ver o quanto ela vem se dedicando ao trabalho da Educação, trazendo preocupações solidárias aos princípios democráticos que garantem o direito de aquisição de conhecimentos, de linguagens e a apropriação de um aparato cultural e científico para viver numa sociedade plural, mas baseada na igualdade.

Rosângela Doin de Almeida

Para iniciar, a memória

Caderno de campo, lápis, fotografia, desenho, livros, armazenamento on-line, gestão de dados. Instrumentos de pesquisa e mecanismos de memória! Eis que um trecho do Vigotski sobre o papel dos signos parece traduzir a relação entre instrumento, registro e memória: "A verdadeira essência da memória humana está no fato de os seres humanos serem capazes de lembrar ativamente com a ajuda de signos." (Vigotski, 2007: 50). A memória é feita de vivências. Este livro é resultado de anos de vivências de pesquisas com crianças e tem como objetivo compartilhar um pouco dessas memórias.

Essas memórias me mobilizaram a escrever sobre os últimos anos, principalmente a partir de 2014, em que realizei novas leituras sobre representação espacial e infância, bem como atividades que procuram desenvolver conhecimento geográfico. Nesse período, os estudos sobre a teoria histórico-cultural ganharam novas traduções e publicações importantes, as quais também contribuíram para novas leituras sobre o desenvolvimento do pensamento espacial e o desenvolvimento dos conceitos científicos.

Ao longo dos últimos anos, presenciamos mudanças estruturais da educação básica, o ensino fundamental passou a ter duração de nove anos e a educação infantil tornou-se obrigatória aos 4 anos de idade. Vimos também mudanças do ponto de vista curricular e a defesa por maior e melhor atendimento às crianças de 0 a 6 anos. As dimensões históricas, sociais e pessoais somam-se formando uma memória tanto coletiva quanto individual sobre o ato de pesquisar e as condições de trabalho e de desenvolvimento infantil.

As mudanças sociais e políticas influenciam na organização e no funcionamento das escolas e também nas práticas de ensino com as crianças. Considerar esses aspectos no desenvolvimento humano é ter como ponto central os contextos culturais e sociais de aquisição dos instrumentos simbólicos e conceituais produzidos pela sociedade.

As crianças desenvolvem no interior desses contextos noções de espaço e tempo, o que me fez questionar, em muitos momentos, sobre as relações estabelecidas pelas crianças com o espaço e como o criavam no nível simbólico (tanto no sentido gráfico quanto mental) por meio das brincadeiras e como se expressavam pelas diferentes linguagens – plásticas, gestual, verbal, por exemplo. Linguagens expressivas da existência e território da infância! Quais infâncias? Quais linguagens? Quais territórios seriam possíveis?

Infância no plural: infâncias	Linguagens:
Múltiplos contextos de desenvolvimento: • Diferentes locais (espaço rurais, urbanos, por exemplo); • Condições econômicas (infâncias marcadas pela riqueza de recursos ou escassez); • Questões étnico-raciais; • Acesso à tecnologia ou não; • Forma particular de representar o espaço; • Influência coletiva na representação do espaço. Considera-se a diversidade como ponto central nas formas de representação espacial.	• Corporal: danças, movimento, gestos, mímicas, teatral. • Digital: interação com elementos em tela. • Lúdica: jogos, brincadeiras, atividades imaginativas. • Musical: canções, sons, ritmos e melodias. • Plásticas: desenhos, pinturas, escultura, modelagens e colagens. • Verbal: conversas, narrativas orais, histórias.

Para iniciar, a memória

Essas são perguntas que ainda me motivam a olhar para a infância e conviver com as crianças na educação infantil. Algumas questões sobre as representações gráficas, considerando as linguagens plásticas, das crianças me auxiliaram a delinear as pesquisas que desenvolvi e as reflexões que serão apresentadas neste livro: Quais são as ações didáticas realizadas por professoras em sala que criam condições para as crianças se expressarem em relação ao espaço? Como as crianças criam e imaginam os espaços nas representações? Como pensam os elementos constituintes do espaço?

Em 2010, quando estava como professora em uma escola de educação infantil, uma pesquisa foi por mim delineada com o objetivo de gerar um acervo de atividades de ensino que envolveram as relações espaço-tempo-corpo por meio da literatura infantil. Essa pesquisa suscitou novas questões acerca do pensamento espacial, desdobrando-se em um doutoramento em Educação, iniciado em 2013. Seu objetivo era analisar quais habilidades do pensamento espacial eram mobilizadas em atividades de ensino com o enfoque nas representações espaciais. Concluí essa pesquisa em 2017, porém novas problematizações surgiram, principalmente no que tange à minha função enquanto formadora de professores na universidade.

Passei a notar o quão distante as atividades mentais, as ações das crianças e a organização e funcionamento das escolas de educação infantil estão dos professores de Geografia. Óbvio que este não é o segmento onde atuarão diretamente, mas acredito que estamos lidando com os sujeitos, as crianças, que vivenciam este segmento. É necessário compreender a infância e seu desenvolvimento na escola, quando estamos em um sistema de desenvolvimento contínuo como a educação básica.

Então, desenvolvi a pesquisa *O desenho como sistema de representação e pensamento espacial: uma abordagem histórico-cultural na cartografia escolar*, com o objetivo de estabelecer referenciais teórico-metodológicos sobre o desenho como sistema de representação espacial na educação infantil. Para isso, tornou-se necessário realizar análises sobre a estrutura das funções psíquicas superiores (atenção, memória, imaginação e percepção) para o desenvolvimento do pensamento espacial e considerar os elementos discursivos sobre os espaços e os elementos constituintes (equivalentes gráficos, ponto de vista e volume) nos desenhos de crianças.

Portanto, este livro – cujas reflexões são resultantes da pesquisa realizada com apoio da Fundação de Amparo à Pesquisa do Estado de São Paulo (Fapesp: 21/08606-1) – é a continuidade dos estudos sobre representação espacial pelas crianças na educação infantil, parte deles publicados há anos no livro *Espaço e tempo na educação infantil*, escrito em parceria com a Rosângela Doin de Almeida. De lá pra cá, novas pesquisas e leituras sobre o desenvolvimento do pensamento espacial me guiaram a compreender como essa forma de pensar faz sentido para o desenvolvimento humano e no aprimoramento dos instrumentos de representação pelo desenho. O desenho sempre concebido como uma linguagem expressiva na infância. O rabisco, o apagar... "me dá outra folha", a continuidade, "está quase igual", a necessidade de ser semelhante àquilo que se deseja representar, "falta uma perna", o imaginar... o criar, sempre como expressão do pensamento em um espaço-tempo imbuído na infância e todos os elementos que a atravessam.

Começar este livro é pensar sobre como comunicar memórias, constituídas por processos de pesquisa, reflexões e preocupações sobre o desenvolvimento das crianças em seus contextos geográficos. Como resultado da atividade criadora, este livro demanda imaginação e memória, ao passo que entendemos a necessidade de comunicar alguns referenciais teórico-metodológicos desenvolvidos nesses últimos anos. Imaginar o livro em si (suas partes e conexões) e as melhores formas de comunicar as vivências envolve resgatar o processo de pesquisa e seus resultados.

As memórias se entrelaçam quando se compreende a posição que temos no mundo enquanto ser histórico e cultural, pois o livro e os estudos passam a se entendidos como um constante diálogo com outros estudos e com professoras que vivenciam todos os dias as salas de aulas e estabelecem relações com as crianças e o conhecimento. Desejar comunicar as

Para iniciar, a memória

reflexões sobre as representações espaciais e a aprendizagem é imaginar uma conversa com professoras e pesquisadoras que queiram ampliar a relação entre Geografia, pensamento espacial e infância.

Por tratar dessa relação na educação escolar, este livro dialoga com estudos da Cartografia Escolar, área estabelecida na interface da Cartografia, Educação e Geografia, as quais apresentam especificidades teórico-práticas muito próprias, conforme Rosângela Doin de Almeida (2010) no livro *Cartografia escolar*. Pode-se elencar pontos importantes da relação da Cartografia e Geografia na escola que fomentaram pesquisas, formação de professores, materiais didáticos e currículo: a) evento específico da área Colóquio de Cartografia para Crianças Escolares, iniciado em 1995; b) participação de pesquisadoras na Associação Internacional de Cartografia na criação da Comissão Cartografia e Criança; c) grupos de pesquisa sobre temas da área.

Ao longo dos anos, a Cartografia Escolar esteve sob demanda de um mundo em transformação e novas formas de representação, as tecnologias proporcionaram o maior uso de mapas e imagens de satélites, além do uso de mapas interativos e colaborativos na web. Instrumentos que provocam mudanças de representações e de ação no mapa por jovens e crianças que usam as telas e acessam espaços diferentes de forma simultânea. Esses instrumentos permitem, por exemplo, que o usuário modifique o mapa, inserindo informações simultâneas e georreferenciadas principalmente por meio das mídias locativas.

Essas formas de acesso às representações espaciais mobilizam novas questões sobre linguagem, metodologias e formação de professores, principalmente acerca de como as novas formas de representação influenciam e modificam o pensamento espacial e o conhecimento geográfico. Compreender os processos de aprendizagem é considerar que o ensino com o mapa envolve a aquisição da linguagem cartográfica, a qual tem como finalidade armazenar, registrar e comunicar informações sobre o espaço. A aquisição de linguagem é permeada pela cultura escolar e pela relação pedagógica entre professoras e crianças.

Este livro parte de duas perguntas principais: Como as funções psíquicas superiores e a atividade criadora envolvem-se na formação de um conhecimento relativo ao espaço? Quais elementos tornam o desenho um sistema de representação espacial capaz de mobilizar e ampliar o pensamento espacial? São perguntas pautadas na premissa de que se o pensamento espaçotemporal é iniciado na infância, no interior dos grupos sociais, a gênese da representação espacial e da construção conceitual se encontra na educação infantil. Em idade correspondente à educação infantil, a criança compreende um problema colocado e desenvolve equivalentes funcionais aos conceitos dos adultos e, nesse sentido, a escola pode criar condições para que a criança desenvolva funções psíquicas superiores de memória, atenção, imaginação e pensamento.

Para compreender a relação entre funções psíquicas superiores, atividade criadora e conhecimento espacial, consideramos:

- Percepção inicial do espaço: sensações por meio da visão, audição e tato e estímulos externos relacionados ao ambiente espacial.
- Atividades mentais: a) Memória; b) Atenção; c) Raciocínio; d) Linguagem, considerando a articulação entre conceitos e palavras.
- Atividade criadora: imagens mentais prévias; imaginação espacial; criatividade, considerando novas possibilidades e formas de compreender e interagir com o espaço.
- Representação do espaço: combinação das funções psíquicas superiores e da atividade criadora e a formação de uma compreensão subjetiva do espaço.
- Ação no espaço: interação com o meio físico, social e cultural.

Os estudos que serão apresentados ao longo deste livro têm como fundamento a psicologia histórico-cultural e compreendem o papel da escola na ampliação do pensamento espacial por meio das atividades educativas intencionais. A criança se comunica por meio das diferentes

Para iniciar, a memória

linguagens expressivas, como desenho, escultura, brincadeiras, o que cria condições para que a memória e a imaginação se relacionem em uma atividade criadora em diálogo com adultos e outras crianças. Dessa forma, há a relação entre pensamento (espacial) e linguagem (desenho e fala) e o meio escolar na constituição do pensamento espacial.

A representação espacial feita por meio do desenho é uma maneira de concretizar o pensamento espacial e de fornecer informações sobre a leitura que o sujeito faz da realidade, trazendo imaginação e memória – função predominante na idade pré-escolar – sobre um objeto ou lugar. Reconhecemos a necessidade de se compreender e analisar elementos que tornam o desenho do espaço um sistema de representação que antecede o ato de ler e fazer um mapa. Esse tipo de representação espacial permite relações embrionárias entre os princípios geográficos (como o de localização) com aqueles envolvidos na Cartografia, ao criar códigos e equivalentes gráficos.

O pensamento espacial é parte da existência humana, é uma forma de pensar própria que favorece conhecimento, domínio e sobrevivência, podendo ser ampliado e sistematizado pelas diferentes ciências. A Geografia, pela própria natureza de seu objeto (o espaço), pode fundamentar novas maneiras de compreensão sobre as formas e as estruturas espaciais observadas.

O conhecimento desenvolvido pela Geografia na escola fornece uma série de conteúdos conceituais, procedimentais e atitudinais, os quais são desenvolvidos pelas pessoas em um sentido interno das atividades cognitivas, ou seja, por meio das funções psíquicas superiores (memória, atenção, imaginação e pensamento). As funções psíquicas em interação com o conhecimento socioespacial fomentado pela Geografia criam condições para a formação de conceitos científicos. Na Figura 1, pode-se observar as camadas de aprendizagem sobre representações espaciais de acordo com uma concepção da diversidade que compõe as linguagens para concretizar informações espaciais, partindo das situações sociais em um âmbito mais amplo até chegar a um ponto mais específico da ampliação do pensamento espacial do sujeito a partir do conhecimento geográfico.

Figura 1 – Sobreposições da aprendizagem sobre representações espaciais

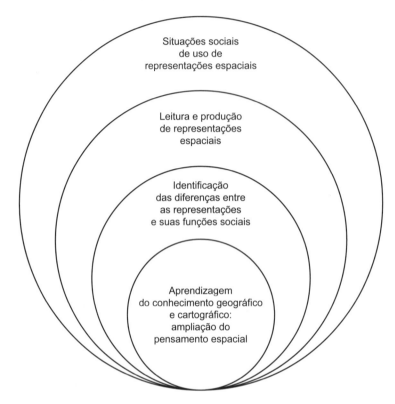

O conhecimento geográfico necessita de representações gráficas que tornam possível a visualização de uma totalidade, além da comunicação sobre informações espaciais que escapam de vivências imediatas. A relação entre o conhecimento geográfico e as representações fomentam as produções cartográficas. No caso dos trabalhos com as crianças da educação infantil, os desenhos fazem parte dessa relação enquanto representação espacial que concretiza conhecimentos socioespaciais.

As representações espaciais (desenhos, mapas, maquetes, gráficos, entre outros) são criações humanas que se articulam com a atenção, a imaginação, os conceitos estabelecidos e a memória. A memória articula-se à imaginação para comunicar informações espaciais em um desenho ou em um mapa, resultado da atividade criadora. As relações entre as funções psíquicas superiores, representações espaciais, conhecimento socioespacial, considerando

Para iniciar, a memória

as suas inter-relações – atividade criadora, conceitos científicos e materiais cartográficos –, fomentam e ampliam o pensamento espacial (PE), no universo da cultura, conforme representado no diagrama a seguir (Figura 2).

A cultura como produto da vida social e da atividade do ser humano, caracterizada por instrumentos/signos que mediatizam as funções psíquicas naturais em superiores de acordo com a teoria histórico-cultural, modifica a estrutura psicológica das pessoas. O signo enquanto produto cultural é resultado da vida social e que pode ser transformado, mas também transforma o ser humano e a sociedade. Os instrumentos de registro (a escrita ou o mapeamento) são revolucionários, uma vez que a memória ultrapassa os limites dos processos naturais e passa a ser um meio coletivo que denota uma relação entre processos internos que geram sistemas complexos externos, como é a linguagem, os cálculos e as obras de arte, por exemplo.

Figura 2 – O pensamento espacial (PE) e seus fundamentos

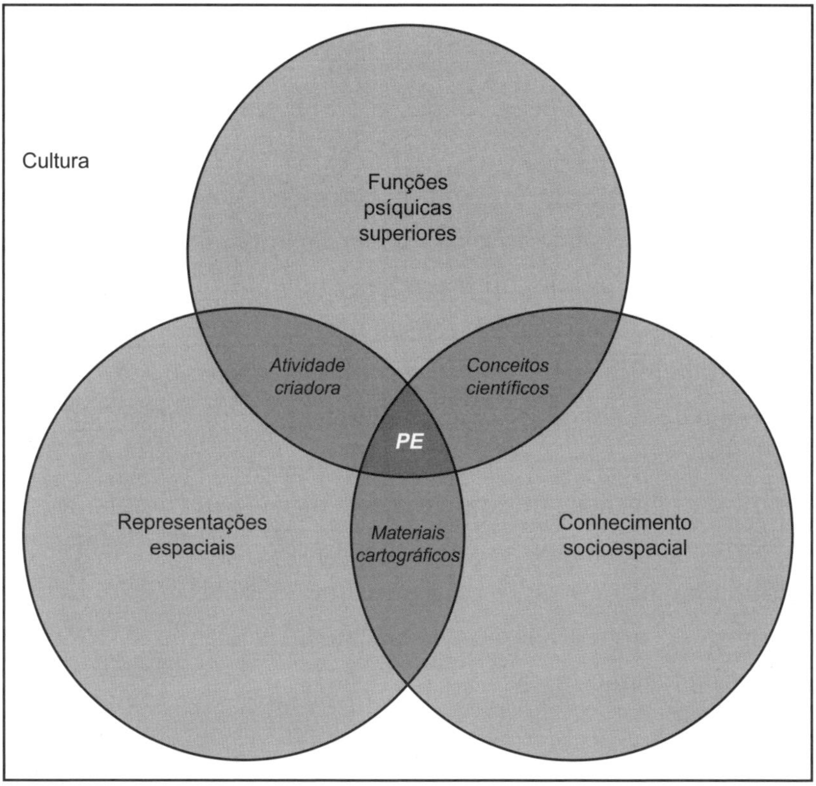

A partir do desenho de uma criança, podemos investigar a organização espacial no espaço gráfico, entender qual elemento em uma cena estabelece a relação de conjunto e, assim, compreender o ponto de vista da criança que desenha. O desenho expressa um pensamento espacial, o qual consiste na capacidade cognitiva humana de pensar referenciais, movimentos, orientação e informações no e do espaço, pois quando a criança desenha um lugar, ela desenvolve uma atividade criadora por meio dos mecanismos cognitivos da imaginação e da memória, de modo que ocorre uma representação gráfica e mental. O desenho abre portas para que possamos entender a percepção e a concepção da criança sobre espaço, um espaço que passa pelo pensamento e transforma-se em representação e discurso.

É por meio da articulação entre os estudos produzidos por diferentes campos – Geografia, Psicologia, Educação e Cartografia – que podemos fundamentar as atividades de ensino que utilizam as representações espaciais como meio de domínio do espaço e de expressão, considerando o importante instrumento que é a linguagem enquanto transformação e disputa por uma sociedade mais justa. Mapear é conhecer também o espaço e dominar instrumentos para isso. Se as representações espaciais são discursos, a escola deve fomentar meios para que crianças e jovens se expressem e conheçam o território por meio das diferentes linguagens, de modo que a função social do mapa seja compreendida e fundamente todo o ensino do mapa e pelo mapa, não só pela técnica, mas pela riqueza humana de sua produção: comunicar informações, reconhecer relações e agir.

Ao longo deste livro, discutiremos elementos que fomentam a compreensão do espaço como social e geograficamente construído na cultura, do conceito de vivência, de como a escola torna-se um ambiente para o desenvolvimento das funções psíquicas superiores e do desenho como produto da atividade criadora e representação espacial. Este livro tem como aspecto central a relação entre espaço, vivências e representações espaciais na educação infantil.

Espaço, construído socialmente

Nos muros, os desenhos das crianças. Na calçada, a amarelinha com números e a palavra "céu", esta seguida do portão. Portão se abre, um corredor cercado por bandeiras de diferentes países latino-americanos e africanos, através das quais é possível observar dos dois lados deste longo corredor muitas árvores e algumas crianças e suas professoras. Chego ao final deste corredor, um novo portão, através do qual observo autorretratos feitos pelas crianças e meu olhar mais adiante capta uma parede com diversas telas com releituras de bandeiras de estados brasileiros e de países feitas pelas famílias. É assim que o portão se abre e entro na escola de educação infantil. Diferentes sensações me atravessam e a certeza de que vivenciar o espaço escolar, este ambiente específico de relações com o conhecimento, é transformador e fundante das pesquisas que tratam de ensino-aprendizagem na escola. Todo conhecimento tem espaço e tempo. Toda existência tem como fundamento espaço e tempo.

Essa pequena narrativa da minha chegada a uma escola de educação infantil levanta aspectos de ordem espacial no sentido relacional, observamos características espaciais, condições sócio-históricas e de relações socioterritoriais. Esses três aspectos concretizados no espaço por meio de diferentes símbolos presentes, a linguagem presente na amarelinha, nas bandeiras e nas telas nos fornecem, já na entrada, a ideia de que a escola é um espaço que cuida da relação eu-mundo, da diversidade étnica e racial, do desenvolvimento da cognição humana e da expressão por meio de diferentes linguagens.

Este ambiente enriquecido por representações abre e extrapola o espaço absoluto para o espaço perceptivo e simbólico porque cria condições para exposição de representações simbólicas e observação e para a ampliação de conhecimento sobre o outro, sobre as relações existentes, que também passam a fazer parte de nós. O espaço é coletivo e a cognição é mobilizada nas condições culturais.

"Em termos da vida cotidiana, é o espaço perceptivo, concreto, que é privilegiado e a transição de experiência espacial concreta para a representação simbólica é crucial no desenvolvimento intelectual" (Aguiar, 1999: 61). As formas de pensar o espaço e o tempo fazem parte da vida cotidiana, nas atividades que condizem às ações culturais da existência humana, e não cotidiana, como as atividades científicas, filosóficas e artísticas. Compreender as condições que promovem essas formas de pensamento torna-se importante para estabelecer metodologias de ensino, considerando a importância do meio para o desenvolvimento infantil.

O espaço absoluto, relativo e relacional

"Se considerarmos o espaço como absoluto ele se torna uma 'coisa em si mesma', com uma existência independente da matéria. Ele possui então uma estrutura que podemos usar para classificar ou distinguir fenômenos. A concepção de espaço relativo propõe que ele seja compreendido como uma relação entre objetos que existe pelo próprio fato de os objetos existirem e se relacionarem. Existe outro sentido em que o espaço pode ser concebido como relativo e eu proponho chamá-lo espaço relacional – espaço considerado, à maneira de Leibniz, como estando contido em objetos, no sentido de que um objeto pode ser considerado como existindo somente na medida em que contém e representa em si mesmo as relações com outros objetos." (Harvey, 1973: 13).

A educação infantil consiste em uma primeira aproximação aos conhecimentos sistematizados em um ambiente educativo coletivo, onde se estabelece relações entre as crianças, sendo possível dizer que são relações entre pares, e relações com os adultos, as professoras. Essas relações geram interações discursivas mediatizadas pelo conhecimento e atividades de ensino que criam condições para ampliar as noções que as crianças já trazem para a escola. As crianças acessam conhecimentos que apoiarão outros tantos e isso também diz respeito ao conhecimento espacial e, por conseguinte, temporal.

O espaço é objeto de diferentes áreas do conhecimento, considerando a estética, a estrutura, a função e até mesmo concepções existenciais e históricas. Cada área prioriza um determinado aspecto do espaço, uma vez que há uma multiplicidade de características ao descrever, por exemplo um determinado lugar. As concepções históricas sobre o espaço nos levam a pensar sobre a noção de espaço como um aspecto humano em constante transformação porque trata-se de um conceito relacionado a processo, o que também traduz aspectos culturais. Estes por sua vez influenciam nas concepções espaciais.

O espaço toma diferentes compreensões ao passo que as ciências também se modificam. Não se pode entender espaço como na Antiguidade, a sociedade transformou-se e as noções espaço-tempo também, bem como suas representações. A natureza do espaço em Geografia já foi discutida por diferentes autores e nos faz questionar se essa atenção dos geógrafos também não deveria estar presente nos estudos sobre o pensamento espacial. Afinal: a qual espaço estamos nos referindo?

O espaço material e as relações estabelecidas nele influenciam um modo de pensar o espaço e as práticas socioterritoriais dos indivíduos. As compreensões sobre o espaço envolvem a cognição humana e as representações feitas a partir do conhecimento já construído.

Figura 3 – Elementos da constituição
da relação individual-coletivo sobre o espaço

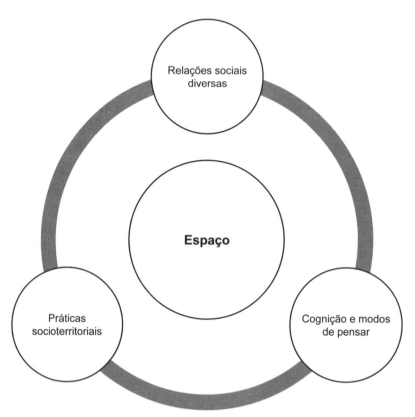

É nesse sentido que o pensamento espacial se torna importante para o conhecimento geográfico. A Geografia fornece instrumentos importantes para todas as idades, não apenas para aquelas crianças que têm aulas dessa disciplina no ensino fundamental, para pensar o espaço. Os instrumentais teórico-metodológicos – consideram-se os conceitos, as linguagens, os procedimentos e as metodologias – criam condições para compreender o mundo e, assim, as novas experiências e problematizações podem ser mobilizadas.

Importante fazer uma ressalva sobre possíveis confusões: espaço e geografia não são sinônimos, bem como pensamento espacial e conhecimento geográfico também não. Espaço e suas representações são focos de diferentes disciplinas e a Geografia também se ocupa de pensar as relações estabelecidas nele. O pensamento espacial é uma forma específica da cognição humana e o conhecimento geográfico é aquele produzido pela humanidade sobre as relações que engendram configurações territoriais. Possíveis aproximações entre espaço, pensamento espacial e conhecimento geográfico são genuínas e legítimas tratando-se de experiências e desenvolvimento humano.

Em Bogotá, por exemplo, as ruas foram construídas como uma quadrícula, as "calles" e as "carreras". As "calles" são ruas horizontais, de leste a oeste, e as "carreras", ruas perpendiculares a estas, vão de norte a sul, paralelas às montanhas. Para saber a direção leste, o monte Monserrate torna-se um referencial para localização e deslocamento, por exemplo. Na cidade de Bogotá, esses referenciais são fundamentais para conhecer sua direção, distância em relação a um outro ponto e suas adjacências. Outra característica que demarca o deslocamento nessa cidade é a forma como a posição de um lugar é indicada, por exemplo: Calle 66 #8-90, significa que esse endereço corresponde à rua 66, que vai de leste a oeste, e o número 8 diz respeito à *carrera*, perpendicular à *calle*, e 90 é o número do estabelecimento. Deslocar-se envolve um pensamento espacial, que também é socialmente construído, pois envolve o acúmulo da forma e do conhecimento que os seres humanos desenvolveram com aquele espaço.

Há diferentes formas de se estabelecer relações com um determinado espaço e de descrevê-lo, o que extrapola o espaço absoluto e passa pela atividade cognitiva de pensar o espaço, sobre e com ele, e resulta em determinada forma de representação mental e gráfica. Essa concepção de relação entre sujeito e espaço e suas representações dialoga com a forma como a psicologia histórico-cultural compreende o papel da linguagem no desenvolvimento humano, considerando as atividades cognitivas e a cultura.

> **Por que estudar a psicologia histórico-cultural?**
>
> A psicologia histórico-cultural nos fornece instrumentais sobre:
>
> 1. o desenvolvimento das funções psíquicas superiores;
> 2. os processos de aprendizagem com mediação de instrumentos culturais como as linguagens.
>
> A relevância de estudar essa teoria está em entender como as crianças aprendem e como podemos criar práticas pedagógicas que promovam o desenvolvimento humano.
>
> Saiba mais sobre as implicações da teoria histórico-cultural de Vigotski na aprendizagem no capítulo "Estudo do desenvolvimento dos conceitos científicos na infância" do livro *A construção do pensamento e da linguagem* (Vigotski, 2009).

A mobilização do pensamento espacial relaciona-se às práticas sociais, o que tem chamado nossa atenção não tanto pelo construto de internalização, mas sim pelo problema da significação. Esse aspecto nos permite apresentar alguns referenciais teórico-metodológicos para mobilizar o pensamento espacial por meio do conhecimento geográfico e das representações espaciais.

Considerar as relações que as crianças travam com o espaço é, portanto, romper com o trabalho pedagógico focado no espaço absoluto, determinado e determinante, ao passo que as representações estabelecidas ocorrem mediatizadas pelas palavras, as quais exercem papel simbólico e formam imagens. As palavras tornam a existência comunicável, elas invocam imagens mentais e percepções do mundo material e o espaço passa a existir.

> "O ESPAÇO É A EXPERIÊNCIA QUE UM SER TEM DO SEU MOVIMENTO NO MEIO DE OBJETOS ORGANIZADOS DE UMA CERTA FORMA. ISSO FAZ DELE UMA REPRESENTAÇÃO." (PINO, 1996: 62)

A relação entre pensamento e linguagem na constituição da relação ser humano e mundo torna-se central por dois motivos teórico-metodológicos que fundamentam ações didáticas com as crianças:

- o signo, constituído por linguagem, exerce papel importante no desenvolvimento humano (funções mentais) por ser um instrumento;
- as funções psíquicas superiores advêm das relações sociais internalizadas e mediatizadas pelos signos.

As representações mentais sobre espaço não surgem isoladas ou fragmentadas, pois ocorrem no contexto de um meio cultural que influencia como as crianças percebem e interagem com o espaço. As histórias contadas, as brincadeiras e os mapas apresentados às crianças influenciam na sua compreensão espacial, por exemplo. No entanto, há que se considerar que a criança ao mesmo tempo que é influenciada também pode influenciar este meio cultural, criando formas de se relacionar e representar o espaço. É comum observarmos as crianças se equilibrando no meio-fio das calçadas, movimentando-se, brincando e reinventando com a linguagem expressiva corporal.

Para guiar a leitura

Relação entre pensamento espacial e conhecimento geográfico

Pensamento espacial

Definição: forma específica da cognição humana.
Objetivo: compreender componentes, elementos e funções dos espaços e suas representações.
Características: processos cognitivos que envolvem percepções, organização e interpretação do espaço e podem se relacionar com noções de distância, localização, extensão etc.
Exemplo: chegar até um lugar e prever o tempo de deslocamento. Na escola, as crianças aprendem a localização dos lugares, as distâncias e orientações.

Conhecimento geográfico

Definição: conhecimento produzido pela humanidade sobre as relações no espaço, considerando aspectos sociais, políticos, físico-naturais e econômicos.
Objetivo: estudar e analisar como os seres humanos interagem e produzem o espaço considerando as estruturas econômicas e culturais.
Características: implica produção de teorias e representações acerca das relações e da produção do espaço.

> Exemplos: estudo de como as empresas se apropriam de um determinado espaço urbano e criam padrões de ocupação e de relações de trabalho. Nas escolas, as crianças aprendem sobre como as sociedades ocupam o espaço, criando padrões sobre o uso da terra e o uso do solo urbano, e sobre a existência de contradições e desigualdades socioeconômicas.
>
> *Pontos de aproximação*
>
> - O espaço é ponto em comum, mas com objetivos e características distintas.
> - O pensamento espacial fornece suporte cognitivo e operacional para o conhecimento geográfico.
> - O conhecimento geográfico contribui para ampliar a compreensão do espaço por meio de seus instrumentos analíticos.

A CRIANÇA E AS DIMENSÕES SOCIAIS

A concepção de infância é matéria de investigação em diferentes campos do conhecimento, como a psicologia e a sociologia, pois as ideias que se tem de criança e de seu grupo social têm sofrido transformações ao longo da história, visto que a própria sociedade se transforma. A Geografia também tem se ocupado de compreender a infância e seus meios, como é o caso da Geografia da Infância. Essa área tem como fundamento compreender como os arranjos sociais produzem as infâncias nos diferentes espaços e períodos históricos e como as crianças se apropriam e reconfiguram as dimensões sociais.

O que é Geografia da Infância?

"Em trabalhos diversos, temos definido a Geografia da Infância como um campo de estudos, pesquisas e produção de conhecimentos e saberes que busca compreender as crianças, suas infâncias através do espaço geográfico e das expressões espaciais que dele se desdobram (ou definidos também como categorias, conceitos), entre os quais podemos destacar, por exemplo, a paisagem, o território, o lugar, mas também, como temos explicitado, é o desejo de compreender as geografias das crianças, uma vez que essas possuem lógicas próprias e que denotam formas autorais de ser e de estar no mundo." (Lopes, 2022: 6).

Espaço, construído socialmente

Compreender que a infância é diferente em cada cultura, sociedade e época é tomá-la como um constructo social e histórico, influenciada pelas diferentes teorias das ciências que buscam compreender o desenvolvimento humano, teorias que olham para o sujeito. Autores como Peter Stearns e Mary del Priore demonstram o quanto a infância é uma construção social e histórica, pois suas manifestações são diversas de acordo com período e a própria geografia. É com a diversidade teórico-metodológica que as investigações da psicologia no começo do século XX passam a analisar o comportamento e a consciência humana. Essas pesquisas desenvolvidas no campo da psicologia influenciaram as áreas da Educação, principalmente em relação às metodologias de ensino e às concepções de aprendizagem.

Autores como Jean Piaget, Henri Wallon e Lev S. Vigotski são fundamentais aos estudos sobre aprendizagem e na formulação de pesquisas educacionais, currículos e práticas pedagógicas. Cada um deles apresenta bases teóricas com concepções distintas sobre sujeito.

Estes autores contribuem para a compreensão do desenvolvimento do pensamento espacial, uma vez que Piaget, em parceria com Inhelder, apresentou um estudo detalhado sobre a construção do espaço matemático com base na epistemologia genética. O espaço matemático é a base para construção de relações espaciais topológicas, projetivas e euclidianas, correspondendo, assim, à linguagem cartográfica, como estudos precursores da Cartografia Escolar demonstraram. Esses estudos tiveram respaldo na psicologia genética, o que denota a concepção de sujeito por meio de três heranças: a) genética; b) sociocultural, envolvendo a linguagem; e c) comportamental, herança que inclui a qualidade do comportamento.

O que dizem os autores?

"É, portanto, do ponto de vista da psicologia genética que nos colocaremos neste trabalho: se a criança apresenta grandíssimo interesse por si mesma, a isso deve acrescentar-se, na verdade, o fato de que a criança explica o homem tanto quanto o homem explica a criança, e, não raro ainda mais, pois se o homem educa a criança por meio de múltiplas transformações sociais, todo adulto, embora criador, começou, sem embargo, sendo criança; e isso tanto nos tempos pré-históricos quanto hoje em dia." (Piaget; Inhelder, 1993: 9).

Os estudos na psicologia genética compreendem observar as crianças para explicar, em parte, o adulto, ou seja, a concepção de sujeito está pautada no desenvolver-se para tornar-se adulto, maduro. Quanto às relações espaciais e ao desenvolvimento de conceitos espaciais no ambiente escolar, observamos limites nos estudos com base nesta teoria, pois as relações entre as crianças e as professoras nas atividades de ensino podem mobilizar noções espaciais do ponto de vista matemático, mas também geográfico. Com isso, torna-se importante compreender como o meio cultural modifica as formas de pensamento e cria condições para que as crianças pequenas elaborem suas representações espaciais do ponto de vista social em suas vivências, desenvolvendo noções de codificação e projeção.

Outro autor, Henri Wallon, influenciou a constituição de uma visão de criança enquanto sujeito na sociedade atual. Ele desenvolveu uma série de pesquisas com base nos conceitos de emoção e consciência e na ideia de que a vida intelectual está estreitamente relacionada à vida social, principalmente por conta da aquisição da linguagem, e à vida emocional, considerando primordialmente o aparato psicomotor. Os estudos partem do pressuposto de que a criança se tornará um adulto, mas demonstra que os modos de agir das crianças diferem do adulto, o que requer compreensão das especificidades do desenvolvimento do ser humano ao longo da infância.

Tem-se, desta forma, a concepção de criança como sujeito dinâmico, ativo, em atividade, e a cultura é um fator a ser considerado para compreender o desenvolvimento humano. A criança informa, por meio de suas ações, as disponibilidades psíquicas, que poderão ser ampliadas. Os estudos desenvolvidos por Wallon em parceria com Lurçat sobre o estabelecimento das noções espaciais a partir da construção do esquema corporal e do movimento do corpo também influenciaram os estudos na área de Cartografia Escolar, pois a relação entre o espaço postural e o espaço ambiente é mediada pelo meio social, e essa relação resulta no esquema corporal, como parte do desenvolvimento humano.

> **O que diz o autor?**
>
> "É o mundo dos adultos que o meio lhe impõe e disso decorre, em cada época, certa uniformidade de formação mental. Mas nem por isso o adulto tem o direito de só conhecer na criança o que põe nela. E, em primeiro lugar, a maneira como a criança assimila o que é posto nela pode não ter nenhuma semelhança com a maneira como o próprio adulto o utiliza. Se o adulto vai mais longe que a criança, a criança, à sua maneira, vai mais longe que o adulto. Tem disponibilidades psíquicas que um outro meio utilizaria de outra forma. Várias dificuldades coletivamente superadas pelos grupos sociais já possibilitaram que muitas dessas disponibilidades se manifestassem. Com a ajuda da cultura, outras ampliações da razão e da sensibilidade não estão potencialmente na criança?" (Wallon, 2007: 29).

Se por um lado Henri Wallon apresenta influência darwinista na concepção de criança e de seu desenvolvimento, por outro, Vigotski entende que as condições materiais estão relacionadas ao desenvolvimento humano. As teorias científicas influenciaram em grande medida a concepção de sujeito nas teorias em psicologia, de modo que Vigotski compreende o ser humano enquanto sujeito histórico e social. A existência humana se dá pelas condições, os meios de existência – "meios que permitam a satisfação de necessidades" –, os quais devem ser produzidos com o objetivo de tornar possível o ato de fazer história e de cada sujeito desenvolver-se. A partir desse fundamento, Vigotski incorpora a história e a cultura nas pesquisas em psicologia, afirmando a importância das relações sociais que se convertem em funções psíquicas. Nessa perspectiva, o pensamento e a linguagem da criança estão subordinados ao pensamento e à linguagem da sociedade. Essa forma de apreender o desenvolvimento humano parte da compreensão histórica do ser humano, pois a criança acessa, em ambiente como a escola, as mais diferentes formas de se expressar, de ampliar seu vocabulário e sua desenvoltura na mobilidade pelo espaço, por exemplo.

O que diz o autor?

"O processo de desenvolvimento não coincide com o da aprendizagem, o processo de desenvolvimento segue o da aprendizagem." (Vigotski, 2012: 116).

"O INDIVÍDUO QUE NÃO CONSEGUE USAR O MAPA ESTÁ IMPEDIDO DE PENSAR SOBRE ASPECTOS DO TERRITÓRIO QUE NÃO ESTEJAM REGISTRADOS EM SUA MEMÓRIA. ESTÁ LIMITADO AOS REGISTROS SOBRE IMAGENS DO ESPAÇO VIVIDO. O DESCONHECIMENTO DA LINGUAGEM DOS MAPAS IMPEDE A OPERAÇÃO ELEMENTAR DE SITUAR LOCALIDADES." (ALMEIDA, 2001: 17)

O fundamento da psicologia histórico-cultural

Vigotski desenvolveu seus estudos na psicologia compreendendo como base teórica o materialismo histórico-dialético, sobretudo acerca da constituição do ser humano e seu meio.

"O primeiro pressuposto de toda existência humana e, portanto, de toda a história, é que os homens devem estar em condições de viver para poder 'fazer história'. Mas para viver, é preciso antes de tudo comer, beber, ter habitação, vestir-se e algumas coisas mais. O primeiro ato histórico é, portanto, a produção dos meios que permitam a satisfação de necessidades, a produção da própria vida material, e de fato, este é um ato histórico, uma condição fundamental de toda história, que ainda hoje, como há milhares de anos, deve ser cumprido todos os dias e todas as horas, simplesmente para manter os homens vivos" (Marx; Engels, 1987: 39).

Espaço, construído socialmente

Todos os instrumentos e signos guardam uma história e revelam a cultura na qual foram produzidos e por isso criam condições de existência do sujeito e este, enquanto ser histórico, transforma tais condições e é transformado por elas. Em nossa sociedade a escrita, por exemplo, consiste em uma ferramenta de grande poder ao passo que permite produzir e ler registros.

Ler e produzir mapas também é poderoso por tratar do domínio do espaço. Há a necessidade de compreender as formas de representação ao passo que o domínio dos recursos de representação torna-se uma chave para o domínio do espaço.

Ao adentrar no ambiente da educação infantil, uma série de instrumentos e signos passam a ser compreendidos e a fazer parte da vida da criança de forma sistematizada e em constante diálogo com outras pessoas, extrapolando o círculo familiar. O meio mobiliza uma série de ações e atividades cognitivas que impulsiona o desenvolvimento da linguagem e das diferentes funções mentais. A atenção passa a ter contexto e vai se tornando voluntária para a realização de atividades que exigem pensamento, memória e imaginação. Conforme a abordagem histórico-cultural, o processo de desenvolvimento segue o da aprendizagem.

Os estudos de Piaget, Wallon e Vigotski tiveram como centralidade a constituição da noção de sujeito com influência da ideia da representação social, uma vez que extrapolava a compreensão do desenvolvimento humano pela perspectiva apenas biológica. As teorias sobre o desenvolvimento humano tiveram, assim, influência das transformações relacionadas ao papel do ser humano, mais especificamente, da criança na sociedade. Essas teorias influenciam até hoje a relação entre sociedade e criança, bem como educação e criança, pois a infância passa a ser reconhecida como categoria social e a criança como construtora social e produtora de cultura.

> ## Um ponto em comum: a representação social
>
> A ideia de representação social surgiu na Sociologia, difundindo-se na Antropologia, na Linguística e na Filosofia. Lévy-Bruhl foi uma referência para os primeiros estudos de Piaget e Vigotski.
> Moscovici (2003) aponta que para Piaget o problema da modernidade estava relacionado à capacidade de pensar cientificamente, já para Vigotski, a solução para o problema da modernidade estava em criar uma consciência social baseada em uma perspectiva científica do mundo e da sociedade, que, sem dúvida, deveria ser marxista.

O ambiente educativo – no caso da escola de educação infantil, parte integrante da educação básica – cria condições de desenvolvimento para a criança na medida em que o desenvolvimento intelectual ocorre mediado pela cultura, constituída por signos, em um relação entre os diferentes sujeitos, promovendo a relação das condições internas e externas das crianças, conforme uma perspectiva histórico-cultural do desenvolvimento humano.

As aproximações entre os conhecimentos pessoais e os conhecimentos científicos – instrumentos culturais – são feitas na educação infantil por meio dos temas tratados, das formas e procedimentos, materiais e linguagens específicas que atendem ao desenvolvimento da criança. Portanto, o conhecimento trabalhado ocorre de forma contextualizada, tendo sentido e significado, distanciando-se de uma visão espontaneísta na infância.

A estreita relação entre aprendizagem e desenvolvimento conduz a uma falsa ideia de que o desenvolvimento na infância ocorre de forma espontânea, resultando na naturalização tanto da aprendizagem quanto do desenvolvimento. Por isso, ressaltamos a importância de considerar o desenvolvimento humano no meio cultural, social e histórico, pois os elementos da sociedade constituem o ser e sua relação com o próprio mundo. O movimento pelo espaço, as possibilidades de expressão pelas diferentes linguagens, as brincadeiras constituem o ser criança e as condições criadas para essa realização mobilizam as formas de pensar o espaço.

Espaço, construído socialmente

Os autores em síntese:

• Jean Piaget
Conceito principal: a aprendizagem acompanha o desenvolvimento das estruturas mentais. Epistemologia genética.
Contribuição para o pensamento espacial: Piaget, em parceria com Inhelder, estudou a construção do espaço matemático e as relações espaciais (topológicas, projetivas e euclidianas). Essas ideias influenciaram diretamente os estudos pioneiros sobre a aprendizagem do e com mapas. Isso pode ser visto no livro organizado pela Rosângela Doin de Almeida, *Cartografia escolar* (Almeida, 2010).

• Henri Wallon
Conceito principal: desenvolvimento humano como um processo integrado, envolvendo afetividade, cognição e motricidade.
Contribuição para o pensamento espacial: o esquema corporal exerce influência na forma de pensar e se deslocar no espaço, considerando as interações sociais e emocionais para o aprendizado, e ampliando a compreensão do sujeito como um ser integral.

• Lev Vigotski
Conceito principal: A construção do conhecimento ocorre por meio da mediação cultural e das relações sociais no meio cultural. A aprendizagem cria condições para o desenvolvimento humano.
Contribuição para o pensamento espacial: o papel da linguagem e das ferramentas culturais na formação dos conceitos científicos e no desenvolvimento das funções psíquicas superiores.

A criança, ao deslocar-se, explora seus movimentos, a relação de seu corpo com o lugar e com o ritmo, estabelecendo a relação espaço-tempo-corpo, principalmente no sentido sinestésico de reconhecer localização, orientação e posição. A escola de educação infantil, por meio das propostas de atividades de ensino, promove essas relações, compreendendo as representações sociais e, espera-se, que o valor geográfico do espaço também seja trabalhado.

Representações espaciais na educação infantil

Por que compreender a atividade de ensino na educação infantil?

No livro *Quem tem medo de ensinar na educação infantil?*, as autoras Alessandra Arce e Lígia Marcia Martins defendem o ato de ensinar na educação infantil. Elas nos dizem:
"Obviamente que a transmissão desse saber erudito se adequará à especificidade da faixa etária com a qual trabalha. Não se procurara ensinar equações de segundo grau para crianças de 5 anos, ou se tentará ensinar adição com dezenas a bebês de 4 meses. Queremos, apenas, reiterar a importância do ato de transmitir cultura, sistematizada. [...] As crianças são alunos (aprendizes), e o trabalho pedagógico tem como pilar a transmissão de conhecimentos para revolucionar o desenvolvimento infantil sem perder de vista as peculiaridades do mesmo." (Arce; Martins, 2010: 34).

Em nossa sociedade, as crianças são compreendidas como sujeitos iguais em dignidade e em direito. É nesta perspectiva que entendemos a necessidade de as crianças, no ambiente da educação infantil, acessarem conhecimentos sistematizados que não necessariamente estejam no âmbito familiar ou de qualquer outra instituição. A defesa da educação infantil advém da compreensão histórico-cultural do desenvolvimento infantil e da necessidade de se criar condições para que as crianças conheçam diferentes formas de experimentar o mundo por meio de instrumentos culturais de conhecimento como a literatura e a geografia. Isso porque há uma unidade entre a atividade individual externa, ou seja, social e coletiva, com processos interpsíquicos, e a atividade interna derivada em processos intrapsíquicos. Nota-se que a relação de atividades externas e internas se dão de forma constante, mudando ações da prática social, bem como transformando atividades mentais. A escola de educação infantil torna-se fundamental no desenvolvimento coletivo e individual nos tempos atuais, cada vez mais complexos e que demandam assegurar diariamente os processos de humanização.

Figura 4 – Relação entre atividades externas e internas de forma contínua

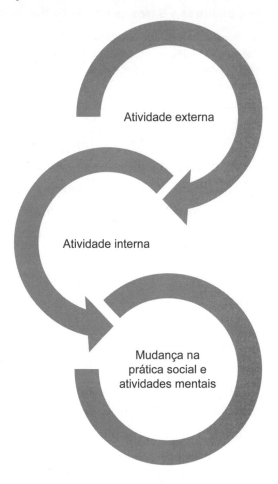

A regulamentação da educação de crianças de zero a seis anos de idade é recente em nosso país, sendo inserida na Constituição Federal Brasileira de 1988, no Estatuto da Criança e do Adolescente (ECA) de 1990 e na Lei de Diretrizes e Bases da Educação Nacional (LDBEN) de 1996. Antes da promulgação da Constituição de 1988, o atendimento à criança de 0 a 3 anos estava vinculado à área de assistência social, cumprindo funções relacionadas aos cuidados básicos.

> ### O que diz a Lei de Diretrizes e Bases da Educação Nacional (LDBEN)?
>
> "A educação infantil, primeira etapa da educação básica, tem como finalidade o desenvolvimento integral da criança até seis anos de idade, em seus aspectos físico, psicológico, intelectual e social, completando a ação da família e da comunidade." (Brasil, 1996).

A educação infantil tornou-se obrigatória para crianças a partir dos 4 anos de idade, por meio de uma modificação na LDBEN, em 2013. Trata-se da Lei nº 12796/2013 (Brasil, 2013), que modifica a Lei de Diretrizes e Bases da Educação Nacional (Brasil, 1996), como mostra o seguinte trecho do item "Do Direito à Educação e do Dever de Educar": "Art. 4º O dever do Estado com educação escolar pública será efetivado mediante a garantia de: educação básica obrigatória e gratuita dos 4 (quatro) aos 17 (dezessete) anos de idade, organizada da seguinte forma: (Redação dada pela Lei nº 12.796, de 2013)". Essa mudança criou um contexto de integração ao ensino fundamental e requer reflexões acerca da intencionalidade no desenvolvimento da criança. Isso se justifica pois, antes da obrigatoriedade, não cabia pressupor os conhecimentos desenvolvidos na educação infantil, já que esta não consistia em uma etapa obrigatória da educação básica e a criança tinha a possibilidade de ingressar em qualquer momento deste nível ou apenas no ensino fundamental.

O reconhecimento da educação infantil como parte da educação básica é fruto de uma longa luta da classe trabalhadora por igualdade de acesso ao mercado de trabalho por parte das mães trabalhadoras e pela educação da classe trabalhadora. Hoje, podemos afirmar que o acesso das crianças pequenas à escola é possibilidade de desenvolvimento integral no sentido de adentrar um conhecimento sistematizados e como ampliação do repertório cultural.

A demanda por políticas públicas educacionais para a infância é resultado do reconhecimento da educação infantil enquanto direito da criança – sujeito histórico e social – do engajamento das mães trabalhadoras e do avanço científico da compreensão sobre o desenvolvimento infantil. As dimensões sociais que envolvem a criança podem ser consideradas nos âmbitos da educação, do cuidado para o desenvolvimento humano, considerando a ampliação na aquisição dos instrumentos/signos construídos pela sociedade e o desenvolvimento das funções psíquicas superiores, as quais discutiremos mais adiante.

Figura 5 – Escola e a intencionalidade na atividade de ensino

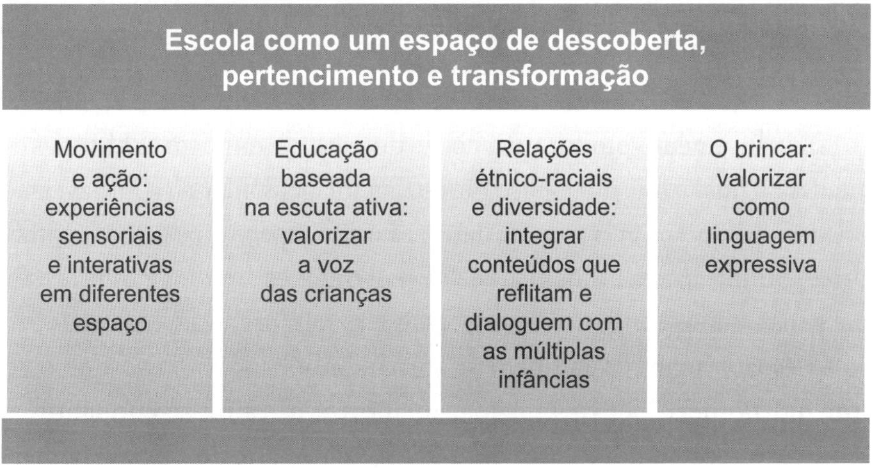

Escola como um espaço de descoberta, pertencimento e transformação			
Movimento e ação: experiências sensoriais e interativas em diferentes espaço	Educação baseada na escuta ativa: valorizar a voz das crianças	Relações étnico-raciais e diversidade: integrar conteúdos que reflitam e dialoguem com as múltiplas infâncias	O brincar: valorizar como linguagem expressiva

O trabalho na educação infantil torna-se intencional com o objetivo de promover o desenvolvimento, a apropriação e a reprodução das capacidades historicamente construídas, de modo que as experiências das crianças são consideradas parte do processo histórico da constituição do ser. Por exemplo, nas situações de ensino, o pensamento espacial pode ser ampliado, considerando que as crianças chegam à escola já com algum conhecimento espacial e a escola pode problematizar e trabalhar com elementos sociais, instrumentos de representação e diferentes linguagens expressivas.

PENSAMENTO ESPACIAL E GEOGRÁFICO

As vivências no espaço geram representações de ordem social e espacial, como os lugares que podem ser percorridos sozinho, quais são aqueles que necessitam de acompanhamento, quais espaços são de lazer e adequados para a infância, os lugares que recebem e acolhem ou aqueles hostis.

> **A relação entre consciência do espaço, tempo e ação**
>
> "A tomada de consciência pelo homem da espacialidade, da existência dos objetos fora dele e, ao mesmo tempo, do aparecimento da representação, depois do conceito de espaço, das características espaciais. O conhecimento das particularidades das transformações intervindo na realidade ambiente, em decorrência da atividade laboriosa, conduz a formação do conceito de tempo, como medida de toda modificação e de todo movimento concreto." (Cheptulin, 2004: 125).

O deslocamento produz uma noção do espaço e também as histórias escutadas ou lidas sobre um espaço produzem imagens mentais sobre as características dos locais. Pela própria natureza que o espaço guarda, a Geografia torna-se uma ciência fundamental para entender os arranjos e os processos que geram certas configurações espaciais e as relações socioterritoriais.

O espaço material também se torna simbólico, ao passo que o ser humano nomeia, pensa, imagina, memoriza e realiza-se enquanto ser cultural. A representação simbólica do espaço é parte do desenvolvimento humano, pois transforma o espaço orgânico em espaço perceptivo e simbólico. A linguagem tem uma grande influência no modo como o ser humano passa a lidar com o espaço, o que constitui uma característica cultural do pensamento humano.

O ser humano a princípio observa e organiza seu deslocamento e exploração do espaço tomando o próprio corpo como ponto de partida para orientação. O corpo humano e seus membros formam um "sistema privilegiado de referência" (Cassirer, 1977), com o qual se articula o espaço como um todo e tudo o que nele contém. A evolução da linguagem acarreta algumas evidências claras nesse sentido, pois o ser humano não vive apenas o espaço material – este se torna percebido e simbólico.

Esse movimento entre material, percebido e simbólico passa pela atividade cognitiva e sua relação com a fala e com as representações gráficas sobre o espaço e suas ações nele. Isso não se dá sem a cultura e sem a história. A relação entre o espaço material, percebido e simbólico ocorre na construção do conhecimento da realidade, quando há consciência. A

Espaço, construído socialmente

percepção envolve aspectos táteis, óticos, sonoros e cinestésicos, os quais estão diretamente relacionados às funções mentais de memória e atenção, ou seja, a percepção do espaço apresenta influência de ordem psicológica, pois é produto da consciência e pode se relacionar ao espaço simbólico.

Durante a infância, a criança toma consciência de seu corpo como parte de um espaço maior e passa a se localizar e a se orientar a partir de referenciais. Isso porque as orientações espaciais como direita/esquerda, frente/atrás e em cima/embaixo, baseiam-se nos referenciais de seu corpo e de seu deslocamento no espaço. Isso remete à relação estreita entre espaço-corpo, espaço-ambiente e, consequentemente, ao tempo também, já que a relação espaço-corpo pressupõe movimento, ritmo, simultaneidade, por exemplo.

O pensamento espacial envolve noções espaciais, instrumentos de representação e as funções psíquicas superiores. Esses três grupos são compostos por uma gama de elementos que tornam o pensamento espacial complexo tanto para o cotidiano, para a mobilidade, quanto para fundamentar compreensões geográficas e fenômenos que também requerem a construção temporal, processual ou histórica. O conceito de espaço absoluto é expandido, permitindo que a noção de espaço relativo seja entendida como uma parte das formas que construímos para compreender nossas relações com um determinado local. O espaço relativo pode ser descrito em termos de velocidade, custo e tempo, e suas representações estão mais próximas da percepção que temos do espaço.

O espaço é humano

O espaço não existe sem as pessoas, elas pensam sobre ele e formam ideias para ações e reconhecimento também de si, em uma relação eu-mundo. Para o geógrafo David Harvey (1973), a consciência espacial – ou imaginação geográfica – permite ao indivíduo reconhecer o papel do espaço e do lugar em sua própria biografia, sendo possível compreender as relações que se estabelece com os espaços, por exemplo o vínculo entre si e seu bairro. Além disso a consciência espacial envolve o entendimento das relações entre as pessoas, organizações e empresas e como elas se apropriam do espaço.

Representações espaciais na educação infantil

Para a Geografia, embora a noção de espaço absoluto, representada por medidas como latitude e longitude, continue sendo relevante, o que a sociedade faz com essas medidas e como estabelece relações sociais e convenções, como o meridiano de Greenwich, é uma questão de ordem histórica e cultural. Assim, a compreensão do espaço absoluto é ampliada por meio das experiências estabelecidas entre a sociedade e o mundo.

Pensar o espaço é uma atividade humana e presente no cotidiano e pode ser desenvolvida e ampliada pelas diversas disciplinas escolares, como a Geografia. Essa ciência trata das relações que produzem o espaço, tanto em seus aspectos físico-naturais quanto nos sociais. Isso porque a Geografia estuda as formas de apropriação da natureza e do espaço, compreendendo configurações diferentes ao redor do mundo, que levam em conta aspectos sociais, culturais, econômicos e físico-naturais.

Milton Santos (1979) afirma que a Geografia interpreta o espaço humano como o fato histórico que ele é. Formação social, modos de produção e espaço são categorias interdependentes para compreensão das relações que produzem espaços diferentes, extrapolando, assim, apenas a compreensão das formas espaciais.

O que diz o autor?

"O espaço é a matéria trabalhada por excelência. Nenhum dos objetos sociais tem uma tamanha imposição sobre o homem, nenhum está tão presente no cotidiano dos indivíduos. A casa, o lugar de trabalho, os pontos de encontro, os caminhos que unem esses pontos, são igualmente elementos passivos que condicionam a atividade dos homens e comandam a prática social." (Santos, 1979: 92).

Compreender as noções de espaço pelas diferentes ciências – tanto pela Geografia quanto pela Filosofia e a Psicologia – nos auxilia a pensar a relação entre criança e espaço-tempo e como podemos criar condições de aprendizagem sobre o espaço. Assim, as atividades de ensino podem mobilizar respostas sobre a localização, ou seja, compreensão sobre onde e o quê, e provocar raciocínios sobre causalidade, processos, finalidade e relações espaciais entre pessoas, empresas, organizações e movimentos sociais, ou seja, interpretações sobre quando, como e por que um determinado espaço se mostra com tais características. Problematizar a localização, o período, as relações e as formas pelas quais algo se manifesta e os motivos que levam a essa ocorrência promove maior compreensão da sociedade e sobre como ela estabelece relações com o espaço.

Figura 6 – Espaço-conteúdo: mobilização e processo de compreensão

Para compreender um espaço por meio do conhecimento geográfico, uma série de aspectos são mobilizados, pois, além da localização de um fenômeno, é necessário entender a distribuição, extensão e distância, ampliando noções de posição e de escala.

> Localização, distribuição, extensão, distância, posição e escala são princípios que constituem o espaço. Para desenvolver o conhecimento geográfico, a análise do espaço ocorre no diálogo entre o que é visível e o invisível, ou seja, os processos históricos que nem sempre são materiais na paisagem. Para construir a noção espacial, é preciso considerar o tempo (histórico, geológico, cronológico e do cotidiano).

Instrumentos teórico-metodológicos da Geografia

- Representações mentais que a Geografia utiliza para compreender o espaço, por exemplo: espaço, território, paisagem. Trata-se de um movimento teórico-prático que para a mente significa o próprio objeto no processo de sua identificação, descrição e classificação.
- Linguagens: Maquetes, mapas, gráficos, imagens, fotografias aéreas e outras representações do espaço.
- Procedimentos: Métodos de investigação e análise do espaço por meio de observação, descrição, análise, contraposição de ideias e conclusão. As abordagens para estudar as relações espaciais podem contar com análise qualitativa e quantitativa, considerando as transformações do espaço, os impactos da ação humana e o contexto. O estudo do meio e o trabalho de campo são instrumentos comuns para o estudo de uma situação geográfica.

Essas características são mobilizadas também no cotidiano, quando se pretende chegar a um lugar desconhecido, por exemplo, procura-se saber a localização e a distância entre o ponto de saída e o de chegada. Isso envolve o pensamento espacial.

Este, por sua vez, pode ser ampliado quando desenvolvido e mobilizado pelo conteúdo e análise geográfica, mediante a sistematização e contextualização do conhecimento. Pode ainda promover o desenvolvimento do pensamento espacial e as práticas sociais podem ser mobilizadas.

Na educação infantil, as crianças não têm a disciplina Geografia, mas uma série de conteúdo sobre o espaço e a sociedade se faz presente, ao passo que amplia operações do cotidiano, como a localização. Como explicar a localização da própria escola, por exemplo, sem considerar os processos históricos e sociais? Ou até mesmo a localização daqueles sujeitos em um determinado bairro? Essas perguntas extrapolam a localização enquanto a intersecção dos eixos x e y em uma rede de coordenadas, pois provoca pensar processos de fluxo de pessoas, relações delas com um determinado meio e como os lugares são diferentes e semelhantes. A localização torna-se posição de lugares com conexões com outros, compreendendo o espaço enquanto dinâmico, o que reflete também em representações diversas.

Espaço, construído socialmente

Pensamento espacial e sistemas de referência

O cérebro utiliza sistemas para que possamos nos localizar, deslocar e descrever um espaço:

- Egocêntrico
  Os referenciais são estabelecidos a partir da própria pessoa. A localização é descrita a partir do corpo.
- Alocêntrico
  Os referenciais são estabelecidos a partir da relação entre os objetos. A localização é descrita a partir da posição de um objeto em relação a outro.
- Geocêntrico
  Os objetos são localizados a partir de uma coordenada, ou seja, a posição de um objeto se dá a partir de um referencial fixo.

Esses sistemas são integrados e aperfeiçoados conforme as funções psíquicas superiores e o conhecimento são ampliados. (O'Keefe; Nadel, 1978).

A localização é ponto central para o pensamento espacial e para o conhecimento geográfico. No cotidiano, localizamos uma poltrona em um ônibus a partir da sequência e do número informado no bilhete comprado, mas se não houver a indicação alguém pode informar relacionando ao movimento no espaço daquele que busca sua poltrona, por exemplo segunda fileira a direita, no assento da janela. Há indicações para encontrar um determinado objeto ou local. Então, o espaço é mediatizado pela palavra, uma representação verbal ou escrita. Ao ouvir uma história de alguém em um determinado lugar, imaginamos características como cores, cheiros, movimentos a partir do que sabemos e vivemos sobre lugares semelhantes àquele narrado.

A localização também pode ser relativa, dependendo das relações entre os objetos, e pode ser comunicada de muitas maneiras. Para armazenar informações de localização, o cérebro humano usa um sistema interligado de pelo menos três áreas diferentes que, separadamente, codificam localizações de acordo com diferentes sistemas de referência. Um desses sistemas de referência baseia-se nas características geométricas de objetos do cotidiano. Por isso é impossível dizer a localização de um objeto sem mencionar a distância, direção ou adjacências.

Representações espaciais na educação infantil

Os princípios enquanto parte operacional permitem às crianças desenvolverem noções básicas espaciais para depois realizarem análises espaciais mais complexas, uma vez que a aprendizagem de conceitos ocorre em um sistema, no qual um conceito apreendido serve de base para outro.

O princípio de localização permite relacionar elementos, obtendo um quadro de distribuição e distância, possibilitando a compreensão da posição de certo objeto espacial para além daquela cartesiana de intersecção de dois pontos em um plano e, assim, compreendendo-o em uma relação espaçotemporal.

Importante ressaltar que a forma como pensamos o espaço não ocorre de maneira linear e simplificada como "primeiro localizo, depois vejo a distância e a extensão", pois as crianças fazem relações vivas, dinâmicas e não técnicas, como se seus cérebros fossem softwares de mapeamento. Quando dialogamos com as crianças em uma turma de educação infantil é possível observar que elas trazem elementos do convívio social – as memórias e as imaginações –, apresentando-se na e com a prática social.

Para armazenar informações de localização, os seres humanos desenvolvem uma série atividades mentais com base em um sistema cerebral interligado que envolve áreas do cérebro que codificam separadamente localizações relativas conforme os sistemas de referências egocêntrico, alocêntrico e geocêntrico.

As crianças estabelecem referências para localizar-se no espaço. Em sala de aula, isso pode ser mobilizado nas atividades de ensino por meio de diferentes representações, como o desenho, a maquete, a massinha de modelar, a colagem, a brincadeira, os gestos e tantas outras linguagens expressivas em um sentido de ampliar aquilo que as crianças já usam e sabem no cotidiano. Nas situações pedagógicas que mobilizam conversas e perguntas, as crianças podem apresentar observações sobre as condições e as relações entre os lugares, fenômenos e objetos.

Reconhecer as condições e as relações entre sociedade e o meio é entrar em contato com informações e características sobre processos e ações humanas, as quais tornam a localização significativa. Os lugares guardam características próprias, mas não estão isolados, pelo contrário,

Espaço, construído socialmente

estão ligados, conectados uns aos outros, tanto por motivos naturais quanto por motivos culturais, sociais e econômicos, portanto, causas provocadas pela ação humana.

A crianças chegam à escola da educação infantil já com um acúmulo de conhecimento e compreensões sobre o mundo, pois elas vivem o espaço, e este, por sua vez, é humano e dinâmico. A criança estabelece relações com o espaço, estabelece relações eu-mundo, a partir de vivências constituídas por elementos da sociedade e da cultura na qual está inserida. O mundo, no aspecto amplo da palavra, já se faz presente na vida do cotidiano das crianças. Por exemplo, a relação que se estabelece com o mundo quando há questões que envolvem a situação das crianças refugiadas de guerras ou como as relações étnicas e raciais também influenciam na relação eu-mundo.

Na educação infantil, as crianças pensam e conversam sobre onde moram, sobre suas famílias e os lugares rurais, urbanos ou os países mais distantes ou vizinhos. O mundo já se faz presente porque a criança é parte dele. A própria compreensão do espaço seria incompleta se apenas tratássemos do espaço absoluto. O espaço relacional é vivo e atravessa a sala de aula da educação infantil. As representações espaciais, por meio da linguagem gráfica, concretizam o pensamento espacial, como a localização, a distância, as extensões, a proporção, e podem transmitir um determinado conteúdo geográfico. A criança, no processo do desenvolvimento do seu pensamento espacial, vive, experimenta e apreende o espaço para depois representá-lo, o que envolve diversos processos cognitivos em relação aos conceitos de espaço e tempo.

"CRIANÇAS MAIS NOVAS PRECISAM SER GEOGRAFICAMENTE CONSCIENTES DE SEU LOCAL E PERSPICAZES PARA EVITAR OS PERIGOS QUE AS ESPREITAM. PARA SER CONSCIENTES, ELAS PRECISAM ESTAR INFORMADAS E ALERTAS." (CATLING, 2023: 4).

Em que se diferencia pensar sobre o espaço?

A pesquisadora Rosângela Doin de Almeida apresenta as questões: "pensar sobre o espaço é diferente de pensar sobre outras coisas? Por exemplo, sobre o tempo? Sobre os objetos?" (2019: 2).

- Pensar sobre o espaço: localizar, compreender relações e interações com o ambiente. Pensar sobre a ocupação e a forma de organização.
- Pensar sobre o tempo: envolve medir a velocidade, duração de um evento, a sequência e a ordem.
- Pensar sobre um objeto: envolve descrever características específicas e concretas.
- Espaço, tempo e objeto são compreendidos de forma conjunta.

Afinal, por que diferenciamos o ato de pensar sobre o espaço? Esse questionamento nos leva à compreensão da linguagem como primordial na construção dessa ideia, uma vez que a oralidade e a grafia nos reportam a um espaço, tanto imaginado quanto vivido. As representações espaciais devem ser compreendidas nas atividades de ensino de forma contextualizada, pois enquanto linguagem, os mapas, por exemplo, têm a função de mediatizar a formação dos conceitos socioespaciais.

O espaço não é compreendido sem linguagem. O desenho (linguagem gráfica) e a palavra (linguagem verbal) são mediações do conhecimento geográfico sobre um determinado espaço. Não há espaço sem conteúdo, ele próprio é o conteúdo a ser pensado. O espaço representado é um espaço pensado, é um espaço cujo conteúdo passa pelos princípios de localização, distribuição, distância, extensão, posição e escala e pelas noções de proporção, codificação e projeção. A tradução do espaço tridimensional e suas vivências no espaço gráfico, bidimensional, requer recursos e funções psíquicas superiores de imaginação, memória e de pensamento sobre o espaço.

Espaço, construído socialmente

As vivências na educação infantil passam pelas dimensões do espaço e do tempo, de modo que as crianças se apropriam delas e as reconfiguram com seus mais diferentes traços, concretizando formas diversas de pensar o espaço humano, vivido e pensado. As atividades de ensino podem partir das práticas socioterritoriais, pois estas podem fomentar o desenvolvimento da ação pedagógica e o diálogo entre as crianças e influenciar o modo de pensar o espaço.

O cérebro apresenta estruturas para o pensamento espacial que são totalmente funcionais desde muito cedo nas crianças. A intervenção de adultos pode melhorar tanto o uso quanto a representação desse tipo de pensamento. Para que as crianças aprendam conceitos espaciais, as habilidades próprias do pensamento espacial devem ser mobilizadas e desenvolvidas, de modo que essa forma de pensar torna-se fundamental também para a construção do conhecimento geográfico.

Quando planejamos uma atividade com as crianças, podemos considerar quais são as habilidades próprias do pensamento espacial e como podemos relacioná-las ao conhecimento em Geografia. No quadro a seguir, elencamos algumas habilidades próprias do pensamento espacial.

Representações espaciais na educação infantil

Quadro 1 – Pensamento espacial
e características procedimentais e verbais

Procedimento do pensamento espacial	Características procedimentais (manifestação pela ação)	Características verbais (manifestação pela palavra)
Comparação	Comparar aspectos de dois ou mais lugares, considerando semelhanças e diferenças.	semelhante/diferente, mais/ menos, maior/ menor, cheia/ vazia, quente/frio, etc.
Influência	Analisar a influência de um determinado lugar em outros, considerando proximidade.	perto, ao lado de, perto/longe, de dentro/além, influenciado por
Agrupamentos	Agrupar localizações adjacentes que apresentam condições ou conexões similares conforme um determinado tema.	em grupo/não em grupo, semelhante a
Transição	Reconhecer a mudança entre um lugar e outro em um trajeto, mobilizando também noção de tempo.	primeiro/depois/último, entre, antes/depois, moderado/íngreme [inclinação]/gradual/abrupta
Hierarquia	Compreender as relações de grandezas entre os locais, como um espaço pertence a outro.	dentro, para dentro, todo/ parte [de], superior/inferior [na "hierarquia"], tributário/haste principal
Padrão	Reconhecer a manifestação de um fenômeno conforme um arranjo que se repete.	equilibrada/tendenciosa, alinhado/desalinhada, uniforme/ agrupado/aleatório/como um anel, arco, onda etc.
Associação	Compreender a combinação de duas características que tendem a ocorrer juntas nos mesmos locais.	junto/separado, associado, correlacionados/não é, semelhante/diferente [padrão]

Fonte: Elaboração própria a partir dos estudos de Gersmehl (2008).

Importante notar que esses procedimentos apresentam características que podem ser expandidas por meio da aprendizagem de aspectos geográficos e do acesso aos materiais de representação. A seguir, elencamos alguns aspectos sobre os procedimentos do pensamento espacial que podem e precisam ser sistematizados pelo conhecimento geográfico, afastando-se de conhecimentos espontâneos:

- Compreender a influência de um lugar demanda entender que isso pode ser exercido por outros lugares que não estejam adjacentes, assim, extrapola o senso comum e o conhecimento

Espaço, construído socialmente

cotidiano, pois a compreensão da relação entre os lugares envolve os instrumentos teóricos-metodológicos da Geografia.

- As comparações entre elementos de um espaço não estão restritas às formas espaciais, por exemplo, ao tratarmos de aspectos demográficos e descrição da população.
- A hierarquia dos lugares, não necessariamente nos termos da geopolítica, exerce formas espaciais como um encaixe espacial, como bairro, município, estado, país.

Podemos notar que a Geografia extrapola a ideia de espaço absoluto, por meio dos seus conceitos e pela natureza do espaço, que é social e político, e a mente humana pode desenvolver raciocínios sobre o espaço acompanhados de reflexões críticas. As ações mentais sobre o espaço são ampliadas por meio da Geografia e o conhecimento geográfico amplia também esses procedimentos do pensamento espacial.

Essas formas de pensar o espaço apoiam algumas compreensões, mas não se limitam nelas mesmas, uma vez que contamos com a plasticidade cerebral e as funções psíquicas superiores que apoiam a construção de conceitos científicos, aqueles construídos historicamente pela sociedade. Obviamente que o espaço absoluto relaciona-se com o relativo e o relacional, formando compreensões que se concretizam em representações gráficas e verbais, em mapas e palavras.

Para nos ajudar a formular perguntas que mobilizem o **pensamento espacial** e a **formação de conhecimento geográfico**, podemos nos orientar pelos pontos apresentados por Ferreira (2014: 59) acerca de perguntas para procedimento de análise em SIG (Sistema de Informação Geográfica):

- dominar conceitos espaciais básicos como distribuição, localização, padrão, associação, hierarquia, redes e formas;
- orientar espacialmente o pensamento, com o objetivo de intuir, observar, definir, associar, comparar e interpolar eventos espaciais;
- entender de que maneira os eventos espaciais ocorrem ou arranjam-se no espaço;
- decifrar as relações espaciais entre pessoas, lugares e ambientes.

Notamos que o trabalho com representações espaciais envolve a compreensão de diferentes áreas e, neste caso, compreendemos a correlação entre Cartografia, Psicologia e Geografia.

Figura 7 – Relação entre Cartografia, Geografia, Educação e Psicologia na formação das representações espaciais

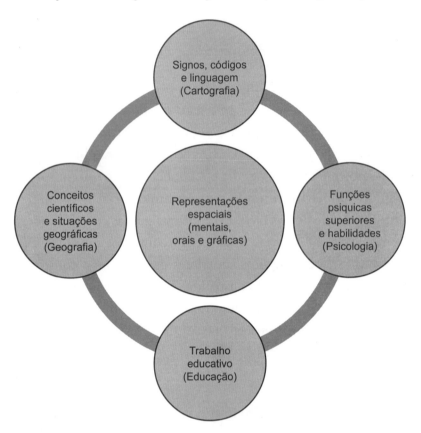

A partir dessa relação, podemos ressaltar que o pensamento espacial e o pensamento geográfico não são sinônimos, pois o primeiro condiz com a atividade cognitiva humana e o segundo com o conhecimento construído socialmente pela ciência. Para a aprendizagem e o desenvolvimento das crianças, as problematizações com natureza espacial podem passar por questões geográficas, pois pensar sobre onde, o quê, quando, como e por quê demanda considerar os contextos sociais e a

Espaço, construído socialmente

interação entre os diferentes elementos do espaço, como físico-naturais e socioeconômicos, em um determinado momento, ou seja, demanda compreender a situação geográfica.

A mente humana não opera como um software automatizado e não condiz apenas a técnica, mas sim com a imaginação geográfica que já se tem sobre o mundo ou o tema que se estuda. Importante não perder de vista que cada um desses elementos passa pela concepção de espaço e de geografia, o que revela concepções de sujeito e mundo, em uma tomada de posição crítica na formação humanizadora.

Os mapas são instrumentos na construção e manutenção de um sistema de representações espaciais solidários a uma visão de mundo. Dessa forma, os mapas são mais que representações, são discursos, ou seja, é mais do que um meio de saber a localização, o traçado dos percursos, as dimensões do espaço e as características de um espaço (Crampton, 2001). A partir da noção da influência que os mapas exercem no pensamento espacial, Parellada e Castorina (2019) alertam sobre a necessidade de incluir a cartografia crítica nos estudos do pensamento espacial. Quando se trabalha com mapas e representações espaciais, torna-se importante saber qual o significado socialmente compartilhado nessas imagens, pois o sujeito que constrói o conhecimento sobre o mundo não é apenas epistêmico, mas sobretudo psicossocial.

O que diz o autor?

"Ao levar em conta as relações entre espaço de objeto e espaço de representação, entre espaço social e espaço geográfico, torna-se possível analisar como os homens organizam o espaço sociogeográfico em função de suas representações do espaço e, mais amplamente, de seus sistemas de representação e seus sistemas de valores. O espaço vivido no comportamento diário não é rígido, está em constante mudança ao nível do indivíduo, dos grupos e da sociedade." (Chombart, 1974, 240).

Os assuntos tratados ao longo deste capítulo têm como fundamento a formação do ser humano em relação ao espaço no sentido ontológico.

Ontológico porque compreendemos a natureza do espaço que é humano. Vejamos uma passagem de Maria Laura Silveira (2006) que diz, a partir da concepção de Milton Santos, que o espaço é o existir, a sociedade é o ser:

> A sociedade só se realiza no espaço. O mundo só existe nos lugares, pois a história se constrói nos lugares. Entre essas possibilidades e esses existentes concretos temos os eventos. São os eventos que transformam as possibilidades em existentes, mas os eventos não são alheios nem indiferentes ao que existe. (Silveira, 2006: 88).

Se desejamos que o espaço geográfico seja o espaço da existência e da realização humana, necessitamos de uma Geografia e Cartografia críticas que pensem o espaço não estático. Isso relaciona-se ao ensino, à formação de crianças, à humanização e à escola.

É desejável que as crianças na educação infantil desenvolvam noções espaciais e temporais, bem como formas de representação, ampliando assim o pensamento espacial em situações reais e geográficas. Partimos da relação entre pensamento e linguagem como processo fundamental para o desenvolvimento humano, relacionando a mediação cultural, a memória e a imaginação na construção de conceitos espaciais e em suas representações. Considerando a natureza do conhecimento que se desenvolve na escola com o enfoque sobre o espaço, a geograficidade pode nos ajudar, enquanto instrumento conceitual, a compreender e fundamentar nossas leituras sobre a relação que o sujeito estabelece com o espaço.

As noções espaciais trabalhadas no nível da educação infantil, fomentando a formação de conceitos, podem ser desenvolvidas para além das formas e da neutralidade. Devem levar em conta contradições existentes na sociedade real, em uma direção da totalidade, considerando a descrição como uma das forma de expressão sobre o conhecimento que se tem. Assim, os desenhos e os mapas são representações plurais e importantes para fundamentação de um pensamento espacial e geográfico.

Em resumo, o trabalho educativo pode partir da concepção da diversidade da infância e das linguagens expressivas das crianças e como elas constroem territórios próprios infantis inseridas e em diálogo com a cultura. Consideramos as escolas locais culturais da nossa sociedade e que criam condições de desenvolvimento intelectual, físico e emocional. A partir dessa concepção de criança e escola, compreendemos que a Geografia tem a contribuir para as representações espaciais das crianças ao desenvolver conceitos espaciais e mobilizar atividades cognitivas e, principalmente, por considerarmos a relação eu-mundo com base na geograficidade.

Questões para refletir

- Como a perspectiva histórico-cultural contribui para a compreensão do desenvolvimento infantil e qual a importância da educação infantil nesse processo?
- Quais são os caminhos para a prática pedagógica que respeite a riqueza das infâncias, das linguagens e dos territórios?
- Como a relação entre o corpo, a linguagem e a cultura contribuem para a construção do pensamento espacial desde a infância?
- Quais habilidades do pensamento espacial podem ser desenvolvidas por meio de atividades com representações espaciais na educação infantil?
- Qual é a relação entre pensamento espacial, pensamento geográfico e o papel da educação infantil no desenvolvimento das noções espaciais e temporais das crianças?

Vivência,
a escola

Os estudos na área da Cartografia Escolar no Brasil sempre tiveram grande influência de duas abordagens na Psicologia da Aprendizagem: psicogenética de Jean Piaget e a psicologia histórico-cultural de Vigotski. Há dois fatores que explicam a adoção das teorias, respectivamente:

- O início do desenvolvimento da área marcado por trabalhos com fundamentos na obra *A representação do espaço na crianças* (Piaget; Inhelder, 1993) principalmente por tratar do espaço matemático, base da Cartografia;
- A concepção da relação entre pensamento e linguagem em situações de ensino sobre o mapa considerando as relações entre os sujeitos e, principalmente, a criação e o domínio de instrumentos como produto cultural e histórico.

Ensino de Cartografia e as teorias da aprendizagem

Os estudos sobre aprendizagem do mapa estão pautados por quatro teorias, conforme Wiegand (2006):

a. nativista: a aprendizagem de mapas é inata, o que explica a existência de representações espaciais em períodos como o Paleolítico ou de sociedades não letradas;
b. psicogenética: a aprendizagem do mapa prossegue gradualmente ao longo do desenvolvimento da criança;
c. histórico-cultural: a aprendizagem de mapas é essencialmente um processo social, pois são artefatos culturais;
d. processamento da informação: a mente humana é vista como um processador de informações semelhante ao de um computador, adquire, armazena, processa e utiliza informações.

Compreender os processos e as condições para a construção do conhecimento é o objetivo das duas abordagens. A principal diferença diz respeito à concepção de desenvolvimento humano, pois a psicologia histórico-cultural compreende o meio como mobilizador da formação da mente, considerando o desenvolvimento das funções psíquicas superiores. Ao considerarmos as representações espaciais feitas pelas crianças, extrapolamos a noção do espaço como um espaço matemático e geométrico, pois tratamos das relações humanas e do espaço geográfico.

Essas considerações acerca do desenvolvimento humano e da concepção de espaço geográfico no trabalho com crianças nos levam a quatro pressupostos para compreender a relação entre pensamento e linguagem:

- o desenvolvimento das funções psíquicas superiores – memória, atenção, imaginação e pensamento – e sua relação com o pensamento espacial;
- o encadeamento entre conceitos pelos sujeitos;
- a conscientização da própria atividade mental;
- a relação existente entre as crianças e o conhecimento.

Vivência, a escola

A tradução de *Perejivânie*

Este conceito pode ser traduzido do russo para o português como vivência, porém, do ponto de vista teórico, se distancia da ideia de experiência, momento vivido, algo externo ou algo exclusivamente interno.
Este conceito envolve exatamente a unidade que se estabelece entre meio e sujeito.

O significado no dicionário:

A partir do dicionário russo *Ojegov* (1968), seria: "perejivânie – substantivo de gênero neutro. Estado de espírito (alma), expressão da existência de um(a) forte (poderosa) impressão (sentimento); impressão experimentada" (Toassa, 2009: 55).

Nos estudos da tradução:

"a vivência é sempre vivência de algo, pois o verbo exige declinação do objeto no acusativo. [...] *Perejivânie* é um substantivo originado do verbo; [...] designando tanto o processo como o resultado dos atos de vivenciar." (Toassa; Souza, 2010: 760).

Esses quatro pressupostos estão envolvidos no conceito vivência, elemento central deste capítulo para que possamos compreender o papel da escola no desenvolvimento humano, considerando o pensamento espacial e o conhecimento geográfico.

O que diz o autor?

"Vivência é uma unidade na qual se representa, de modo indivisível, por um lado, o meio, o que se vivencia – a vivência está sempre relacionada a algo que está fora da pessoa –, e, por outro lado, como eu vivencio isso." (Vigotski, 2018: 78).

A vivência é uma forma complexa da internalização do real pelo ser humano, o que abrange diversos aspectos da vida psíquica, indo além de uma visão fragmentada da experiência humana. Essa concepção compreende a consciência não como uma entidade isolada, mas como um sistema integrado e dinâmico. A formação da mente, considerando o desenvolvimento das funções psíquicas superiores, é uma formação social, histórica e cultural uma vez que ocorre na relação entre os seres humanos mediados por diversos instrumentos culturais, como as palavras.

A criança é, ao mesmo tempo, influenciada pelas e atuante nas relações que estabelece com as pessoas e com o espaço em que vive. É possível refletir sobre como as atividades de ensino, de modo particular, impactam o desenvolvimento humano, ao criar condições à aprendizagem das palavras, seus sentidos e seus significados e ao uso de instrumentos de escrita, desenho, leitura.

A ampliação do pensamento espacial, as novas significações que se atribui pela sociedade e cultura e as representações sobre o espaço pela criança constituem as vivências, estas também impactam o pensamento e os modos de sua comunicação e as transformações culturais. As noções espaciais advêm da relação estabelecida pela criança com o meio, quando há condições externas na mobilização das funções mentais (aspectos internos) para a aprendizagem e desenvolvimento.

Figura 8 – Relação entre condições externas
e internas na construção de vivências

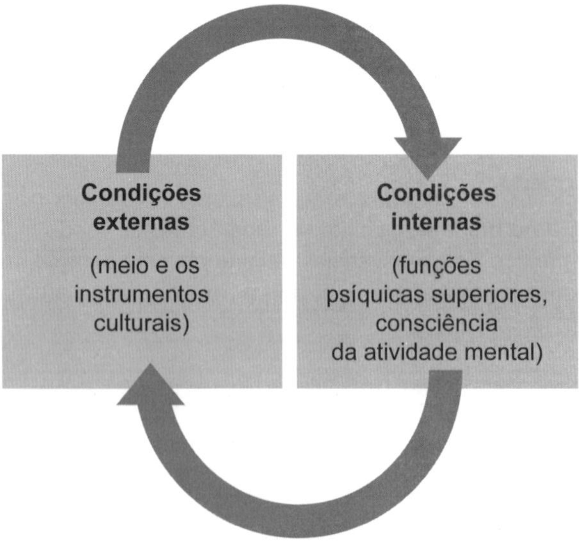

Condições externas

(meio e os instrumentos culturais)

Condições internas

(funções psíquicas superiores, consciência da atividade mental)

Vivência enquanto uma ferramenta conceitual contribui aos estudos e às práticas pedagógicas, pois supera a visão determinista do papel que o meio exerce no desenvolvimento da criança e rompe com a ideia de aprendizagem espontânea. A unidade meio-criança é explicada pelo fato de a criança não ser uma receptora passiva das influências externas, mas sim parte integrante e ativa da situação social em que está inserida. A interação criança e meio ambiente ocorre por meio das vivências, ou seja, da maneira única e subjetiva como ela experiencia, interpreta e transforma as situações que vivencia.

O que diz o autor?

"Quando começa a andar, esse mundo se expande e, cada vez mais, novas relações entre a criança e as pessoas que a circundam se tornam possíveis. Posteriormente, o meio se modifica por força da educação, que o torna específico para a criança a cada etapa etária: na primeira infância, a creche; na idade pré-escolar, o jardim de infância; na idade escolar, a escola. Cada idade tem seu próprio meio, organizado para a criança de tal maneira que, quando tomado no sentido de algo puramente externo, se modifica na passagem de uma idade para outra." (Vigotski, 2018: 75).

Essa compreensão está intimamente ligada à ideia de Situação Social de Desenvolvimento (SSD), compreendendo o meio enquanto fonte para o desenvolvimento. O meio não é apenas uma influência externa, mas um espaço que proporciona possibilidades de aprendizagem e crescimento, sempre mediado pelas experiências concretas da criança, conforme uma relação mútua entre as condições externas (meio) e a subjetividade da criança.

Situação Social de Desenvolvimento e Vivência

"Embora os conceitos de situação social de desenvolvimento e vivência se informem mutuamente, eles caracterizam a relação criança-ambiente para diferentes fins e a partir de diferentes perspectivas.
O primeiro, de modo geral, permite a teorização do que é potencial e culturalmente esperado, enquanto o segundo revela o que realmente está acontecendo."
Nelson Mok, professor da Monash University, Melbourne, Austrália e pesquisador sobre o conceito vivência em Vigotski (2017: 32).

A SSD é compreendida como uma unidade caracterizada pela relação indissociável entre criança e a realidade social na qual está inserida, considerando a criança ativa, ou seja, um sistema dinâmico de relações da criança com o meio e do meio com a criança. Quando a criança entra em contato com os instrumentos culturais (representais verbais, visuais ou gestuais), passa a ter a mediação simbólica e concreta sobre o mundo. E, na escola, ao adentrar as atividades para o domínio de instrumentos sistematizados como a escrita e os conceitos, amplia seus conhecimentos. A criança passa a ter consciência da própria atividade mental, a qual tem a mediação de palavras, de números, de mapas, de imagens – recursos que têm funções diferentes e arranjos distintos conforme a aplicação – de modo que o adulto faz parte desse processo de aquisição e compreensão.

As atividades de ensino podem promover condições para diálogos e uso dessas ferramentas para representações simbólicas, mobilizando o pensamento e as ações das crianças de diferentes formas e com respostas muito particulares, pois as condições externas não são condicionantes, uma vez que a criança não é um sujeito passivo e suas ações envolvem funções mentais, personalidade e emoções. O ambiente escolar com as atividades de ensino pode ser compreendido como situação social de desenvolvimento na qual as crianças entram em contato com uma série de conhecimentos, linguagens e pessoas diversas.

É nessa relação entre sujeitos, crianças-crianças e crianças-adultos, que observamos a aprendizagem e a influência exercida pelos sujeitos que já realizam operações mentais e ações de forma autônoma no grupo. Há crianças que realizam as atividades em conjunto com seus colegas, sem ainda ter a autonomia de fazer sozinho, mas os agrupamentos e o diálogo mobilizam o pensamento em um sentido da aprendizagem e, assim, do desenvolvimento. Para compreender o que ocorre mentalmente, podemos considerar o conceito de Zona de Desenvolvimento Iminente:

> distância entre o nível do desenvolvimento atual da criança, que é definido com a ajuda das questões que a criança resolve sozinha, e o nível do desenvolvimento possível da criança, que é definido com a

Vivência, a escola

ajuda de problemas que a criança resolve sob orientação dos adultos em colaboração com companheiros mais inteligentes. [...] define as funções ainda não amadurecidas, mas que se encontram em processos de amadurecimento, as funções que amadurecerão amanhã, que estão hoje em estado embrionário. (Vigotski, 2004 apud Prestes, 2012: 204)

A ação da professora enquanto instrução para o desenvolvimento do conhecimento e a cooperação entre crianças e adultos mobilizam o pensamento e a aprendizagem sobre os instrumentos de leitura e escrita do espaço, por exemplo. A operação matemática de soma, a organização e compreensão da função das palavras em uma frase, a interpretação das figuras de linguagem, a compreensão da função dos elementos de um mapa e as habilidade em se mapear fazem parte de um rol de conhecimentos que não se desenvolvem de forma espontânea. Então, como encorajar as crianças aos seus primeiros mapas? Como compreender as significações das crianças? Do ponto de vista do ensino – questão pedagógica –, um ponto inicial é reconhecer que as crianças atribuem significados diferentes dos adultos, pois suas formas de pensar são distintas, e as palavras, os desenhos e os gestos tomam sentido quando há contexto, pois, as generalizações das crianças ocorrem no âmbito concreto.

O conhecimento passa a ser um instrumento tanto para ampliar as funções cognitivas – atenção, memória, imaginação e pensamento – quanto para fomentar um desenvolvimento humano que contribua com a sociedade. Portanto, quando consideramos o conhecimento enquanto instrumento e não um fim, estamos diante de um desafio na prática pedagógica e nas pesquisas sobre aprendizagem: compreender a consciência humana e não apenas o comportamento.

As atividades de ensino que consideram o pensamento espacial e suas representações enquanto produto das relações sociais, históricas e culturais entre crianças e meio, podem considerar os quatro pressupostos mencionados no início do capítulo: 1) ao desenvolvimento das funções psíquicas superiores; 2) o encadeamento entre conceitos pelos sujeitos; 3) a conscientização da própria atividade mental; 4) a relação entre criança e conhecimento. Esses pressupostos se relacionam, ao passo que o desenvolvimento das funções psíquicas superiores permite que a criança aprenda sobre os instrumentos culturais, o encadeamento de conceitos fomenta a construção de um pensamento abstrato e sistemático e a conscientização da atividade mental potencializa o controle e a reflexão sobre o próprio aprendizado.

Para guiar a leitura

Desenvolvimento das funções psíquicas superiores

As funções psíquicas superiores (atenção voluntária, memória lógica, pensamento abstrato e imaginação) diferem das funções psíquicas elementares (naturais, biológicas e instintivas) porque são mediadas por instrumentos e signos culturais.

- Mediação cultural: o desenvolvimento dessas funções ocorre por meio da interação social e da internalização de instrumentos culturais, como a linguagem, os signos e os sistemas de escrita.
- Zona de Desenvolvimento Iminente (ZDI): indica a distância entre o que a criança consegue fazer sozinha e o que ela pode realizar com o auxílio de outros.
- Unidade dialética: as funções psíquicas superiores são desenvolvidas pela criança em uma relação dinâmica entre as estruturas cerebrais e meio, resultando na formação social da mente, no desenvolvimento humano mediado pela cultura.

O encadeamento entre conceitos pelos sujeitos

O desenvolvimento conceitual relaciona-se com a formação das funções superiores. Para Vigotski, há dois tipos principais de conceitos:

- Conceitos espontâneos: resultado das experiências do cotidiano e adquiridos de forma empírica, caracterizado pelas percepções e sensações.
- Conceitos científicos: resultado da aprendizagem sistematizada no contexto escolar. Esses conceitos demandam reflexão consciente e generalização.

Esses dois tipos de conceitos se influenciam mutuamente, de modo que os conceitos científicos dão estrutura aos conceitos cotidianos, e os cotidianos dão base concreta aos conceitos científicos. A SSD fomenta esse encadeamento, considerando as vivências, a ZDI e as funções psíquicas superiores.

Vivência, a escola

> ### A conscientização da própria atividade mental
>
> É a capacidade da criança de tomar consciência de seus próprios processos mentais e regulá-los, pois essa metacognição é parte do desenvolvimento das funções superiores, quando a criança reflete sobre seu próprio pensamento, considerando a atenção voluntária e a memória lógica. Essa conscientização permite à criança planejar suas ações, corrigir erros, reconhecer seu desenvolvimento, aspectos fundamentais para o aprendizado.
>
> ### A relação entre criança e conhecimento
>
> A criança constrói conhecimento mediada pelos instrumentos simbólicos, como a linguagem em situação social de desenvolvimento, que fornece as condições culturais para a construção do conhecimento.
> A aprendizagem é um processo no qual a criança atribui significados ao mundo, transformando e sendo transformada por ele.

A FORMAÇÃO SOCIAL DO PENSAMENTO ESPACIAL

No planejamento da ação pedagógica, é desejável compreender a função psíquica predominante das crianças e as relações interfuncionais. Por exemplo, a memória torna-se nuclear, mas não independente, pois está relacionada à percepção e à imaginação. Planejar uma atividade com as crianças é considerar o quanto as ações farão sentido e conexões com as funções mentais e com o conhecimento já existente.

As atividades intelectivas – raciocinar, refletir, interpretar, compreender e produzir conhecimento – são mobilizadas em atividades de ensino ampliando as capacidades de pensar, pois as crianças encontram condições para atribuir significados sobre um determinado assunto. Reconhecer a ação mental por parte das crianças na ação pedagógica é, então, compreender quem aprende e como aprende, é se aproximar daquele que está conosco em uma situação de ensino. Assim, saberemos o conhecimento que a criança apresenta sobre o espaço e como nomeia e desenha seus elementos.

Para representar o espaço, seja por meio da oralidade ou por meio do desenho, as funções psíquicas superiores são necessárias, pois permitem intencionalidade das crianças e, ao mesmo tempo, são ampliadas por meio do conteúdo, ou seja, observamos a relação dialética entre desenvolvimento das funções psíquicas superiores e aprendizagem sobre um determinado assunto. Dessa forma, as vivências e a SSD, conceitos da psicologia e neuropsicologia histórico-cultural, nos fornecem instrumentos para entender a base neurológica da cognição espacial, esta, em termos da morfologia cerebral, relacionada ao lobo parietal direito e ao hipocampo, localizado na base do lobo temporal.

Figura 9 – Anatomia do cérebro e suas funções

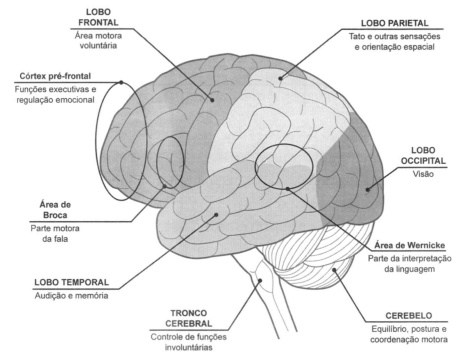

Fonte: Uebel, 2022: 17.

O hipocampo e Nobel

Em 2014, o estudo sobre as células que formam um sistema de posicionamento no cérebro humano, uma espécie de "GPS" interno, recebeu o Prêmio Nobel de Fisiologia ou Medicina. Este estudo foi feito com roedores. Foi iniciado em 1971 por John O'Keefe, que concluiu que algumas células nervosas se ativavam quando o roedor estava em um determinado ambiente. A partir deste estudo, em 2005, May-Britt e Edvard Moser afirmaram que em suas observações outras células formam uma rede com reação padrão de acordo com a movimentação num espaço, registrando coordenadas espaciais. Forma-se um circuito composto pelas células nervosas ativadas no movimento (células de coordenadas) e as células nervosas referente ao lugar (células de lugar), o que foi chamado de GPS do cérebro.

O hipocampo permite associar experiências passadas a novos contextos, processa informações espaciais e registra trajetos e localizações, de modo que contribui para:

- a formação e a consolidação de memórias, como memórias episódicas (eventos vividos) e semânticas (fatos e conhecimentos);
- o deslocamento no espaço (navegação espacial) e a criação de um "mapa cognitivo", que nos ajuda a compreender e nos orientar em ambientes físicos;
- a simulação de eventos futuros, fomentando habilidades para o planejamento e a tomada de decisões.

Essas funções qualificam e são qualificadas a partir do conteúdo da vivência, o qual está relacionado ao contexto social. O espaço enquanto produto humano, espaço pensado e vivenciado, é resultado das dinâmicas entre elementos físico-naturais, econômicos, políticos e sociais e as relações humanas, influenciando a maneira como percebemos, recordamos e simulamos eventos.

Os instrumentos externos (culturais) – objetos, símbolos, signos – que usamos para registrar nossas experiências e ideias guardam uma história e têm influência na organização sistêmica dos processos de desenvolvimento das funções psíquicas superiores. Alexander Luria, neuropsicólogo soviético, ao discutir a noção de instrumentos externos para os processos cognitivos, ressalta que eles servem de apoio para uma função mental, por exemplo, para lembrar de algo se faz um nó em uma corda.

O que diz o autor?

"Medidas historicamente geradas para a organização do comportamento humano determinam novos vínculos na atividade do cérebro humano. [...] É este princípio de construção de sistemas funcionais do cérebro humano que Vygotsky (1960) denominou princípio da 'organização extracortical das funções mentais complexas', querendo dizer com este termo algo inusitado que todos os tipos de atividade humana consciente são sempre formados com o apoio de ajudas ou instrumentos auxiliares externos." (Luria, 1981: 16).

O que dizem os estudos na neuropsicologia histórico-cultural

Os estudos de Ardila (2018) apresentam a relação entre as funções psíquicas superiores e as funções executivas metacognitivas (controle consciente do pensamento e do comportamento), sugerindo que essas funções estão apoiadas na cultura e no uso de instrumentos simbólicos. Embora, as funções psíquicas superiores sejam universais, os processos de desenvolvimento e os modos de expressão dependem do contexto cultural, no qual se cria os instrumentos simbólicos internalizados pelos sujeitos.

Se o desenvolvimento das funções superiores está relacionado aos instrumentos externos e culturais, quais são as necessidades que hoje temos, em nossa sociedade, em dominar formas de mapear e pensar o espaço? Quais são os instrumentos que podemos usar para ter domínio do espaço? Quais instrumentos as crianças podem utilizar como forma de reconhecer a relação eu-mundo e os diferentes espaços?

Compreender o funcionamento do cérebro humano e a necessidade de instrumentos tem nos chamado atenção não tanto para desvendar ou argumentar por uma forma própria de pensamento que seja geográfico, mas, sim, por entendermos que a Geografia pode fornecer instrumentos enquanto resultado da atividade humana e cultural para ampliar as funções psíquicas superiores e a consciência sobre a atividade mental.

As representações espaciais são instrumentos socialmente construídos e são realizados de forma muito particular em um processo individual,

Vivência, a escola

tanto de compreensão e habilidade sobre as ferramentas quanto o conteúdo do que incluir na representação. Torna-se curioso compreender as diferentes mudanças ao longo da história da Cartografia, considerando as diferentes técnicas, plataformas utilizadas e objetivos. Refletir sobre como uma sociedade lida com esse tipo de representação nos ajuda a compreender como as crianças atualmente usam e compreendem os mapas nas diferentes plataformas (digitais, virtuais e analógicos) e como estes influenciam o modo de pensar o espaço.

Assim, representar o espaço requer instrumentos externos (recursos e condições) que se conjuguem aos instrumentos internos (memórias, imaginações, percepções e pensamentos) caracterizados pela intencionalidade de traduzir o volume do espaço (tridimensional) no espaço gráfico (bidimensional). Para isso, o pensamento sobre o espaço por meio da verbalização e nomeação ativa sensos de localização e distância, por exemplo, e promove o raciocínio sobre a relação entre os diferentes elementos da composição, planejamento sobre o arranjo dos elementos no espaço gráfico e a autorregulação de emoções, comportamentos e pensamentos. Pensar o espaço e representá-lo necessita das relações entre funções psíquicas superiores e das funções executivas metacognitivas, considerando os instrumentos simbólicos disponíveis.

O conhecimento espacial e o hemisfério direito do cérebro

Alguns estudos como de Ardilla (2018) indicaram que pessoas que tiveram algum tipo de dano no hemisfério direito do cérebro apresentaram problemas acerca da percepção e orientação espacial.

Há forte relação entre especialização hemisférica, a aquisição de linguagem e as habilidades espaciais. A especialização do hemisfério direito para a cognição espacial aumenta com a aquisição da linguagem e da alfabetização. Isso também foi observado no hemisfério esquerdo em relação a habilidade verbal. Assim como a linguagem falada se desenvolveu em novas condições culturais, é possível que as capacidades tenham passado por processo semelhante.

A representação do espaço por meio do uso de lápis e papel depende da memória relacionada àquilo que se pretende desenhar ou do reconhecimento de uma forma gráfica previamente conhecida. Esse mecanismo altera a forma de pensar, criando memórias e novas atividades. As representações do espaço também demandam interação dos sujeitos frente a um conhecimento espacial mediado pela palavra. O espaço é mediado pelas palavras, tais como:

- semelhante/diferente, mais/menos, maior/menor, cheia/vazia, quente/frio para comparações de lugares;
- perto, ao lado de, perto/longe, de dentro/além, influenciado por para pensar sobre a influência de um determinado lugar;
- primeiro/depois/último, entre, antes/depois, moderado/íngreme [inclinação]/gradual/abrupta para saber as transições entre os lugares e trajeto.

O uso da palavra pressupõe uma forma complexa de pensamento, que é a generalização, pois se trata de um signo abstrato que se refere a um objeto, uma ação, um sentimento, uma pessoa etc. A palavra materializa-se no sentido em que foi empregada e carrega um determinado significado, ou seja, necessita de contexto e conexão com uma situação. Ela é pensamento construído e externalizado por meio da fala ou escrita.

As operações complexas entre a palavra – considerando seu significado e sentido –, o conteúdo e contexto, visando à formação de um conhecimento subsidiam a formação de conceitos espaciais em situações de aprendizagem. A princípio, as crianças apresentam conceitos espontâneos. Com o aumento das interações sociais e práticas intencionais de pensar o espaço, os conceitos tornam-se mais elaborados, complexos. Os conceitos espaciais são iniciados a partir dos primeiros movimentos no espaço e pelo contato com outras pessoas, ganhando complexidade ao serem pensados por meio das situações sociais de desenvolvimento. A partir disso, podemos retomar a noção já mencionada de que os conceitos são construídos por meio das palavras e se desenvolvem em conjunto com as funções psíquicas superiores.

Vivência, a escola

A memória, por exemplo, organiza as experiências no espaço, fornecendo elementos para o sistema de referência à orientação durante um deslocamento. Dessa forma, a relação entre instrumentos simbólicos (palavras e conceitos) e funções psíquicas superiores na formação do pensamento espacial nos leva a considerar esse processo como resultado social e cultural, uma formação social do pensamento espacial.

A relação entre as funções psíquicas superiores – memória, percepção, atenção e pensamento – e a formação de conceitos em um contexto de desenvolvimento do conhecimento geográfico pode mobilizar estratégias como:

- comparar aspectos de dois ou mais lugares;
- analisar a influência de um determinado lugar em outros, considerando proximidade;
- agrupar localizações adjacentes que apresentam condições ou conexões similares conforme um determinado tema;
- reconhecer a mudança entre um lugar e outro em um trajeto, mobilizando também a noção de tempo;
- compreender as relações de grandezas entre os locais, como um espaço pertence a outro;
- reconhecer a manifestação de um fenômeno conforme um arranjo que se repete;
- compreender a combinação de duas características que tendem a ocorrer juntas nos mesmos locais.

Essas habilidades estão diretamente relacionadas ao espaço e ao conhecimento que se desenvolve em Geografia a partir de outras habilidades de localizar, distribuir, conectar, medir a distância, delimitar a extensão e verificar a escala, considerando a relação eu-mundo e a análise do espaço com suas relações.

> **Representações espaciais** – Mapas, esquemas e imagens que auxiliam na organização e interpretação do espaço geográfico.
>
> **Estudo do meio** – Trabalho de campo, uso de mídias locativas e mapas com interatividade.
>
> **Conceitos** – Uso de palavras, conceitos geográficos e noções espaciais.
>
> **Narrativas** – Relatos sobre deslocamentos, mobilizando a memória.
>
> **Tecnologia** – Ferramentas digitais como SIG (Sistemas de Informação Geográfica) e aplicativos que auxiliam na visualização e análise espacial.

As imagens e informações sobre um determinado lugar podem influenciar a forma como o sujeito pensa o espaço. Por isso, o ensino de Geografia deve dar atenção especial ao uso de mapas e fotografias em sala de aulas, especialmente na educação infantil. Além disso, atenção é importante também dar atenção às propostas, aos diálogos e aos desenhos pedidos às crianças.

A formação do pensamento espacial se constitui como um processo mediado social e culturalmente, em que a linguagem e os instrumentos simbólicos desempenham um papel central na construção do conhecimento geográfico, e este, por sua vez, amplia as formas de pensar o espaço.

O meio (plataforma) pelo qual o pensamento espacial é expresso influencia a forma de pensar, pois a relação entre pensamento e linguagem ocorre como uma unidade dinâmica, na qual os conceitos geográficos são formados e transformados conforme a criança amplia suas vivências. Assim, a relação entre funções psíquicas superiores e a construção do conhecimento geográfico mobiliza o uso e a expressão por meio de representações como desenho, mapas e maquetes.

Os estudos geográficos ampliam as vivências espaciais que as crianças trazem para escola, pois há a sistematização de conteúdos que são encontrados no cotidiano, por exemplo, no espaço urbano, que envolvem a mobilidade, as construções e as desigualdades, ou seja, a cidade vivida todos os dias pelas crianças. Na escola, as crianças encontram condições para ampliar suas formas de pensar o espaço com base no conhecimento geográfico, instrumento simbólico e cultural desenvolvido pela humanidade.

A formação de um conhecimento geográfico se desenvolve com base nas funções psíquicas superiores (memória, atenção, imaginação e pensamento) por consistirem em atividades mentais criadoras desenvolvidas e ampliadas no meio cultural, como a escola. As atividades de ensino podem ser compreendidas, no plano teórico de concepção de desenvolvimento humano e educação humanizadora, a partir da relação epistemológica (constructo teórico e metodológico) e ontológica (constructo teórico-prático do ser social e do contexto cultural).

Assim, podemos compreender a formação social do pensamento espacial a partir de três aspectos envolvidos na aprendizagem e na relação com o conhecimento em contexto escolar:

- **a forma generalizadora amplia a atividade da consciência**, pois a consciência se desenvolve a partir das interações com o mundo desde os primeiros anos de vida, sendo iniciada a princípio pela percepção mais concreta das experiências diretas e, à medida que suas interações com os instrumentos culturais se ampliam, a criança forma generalizações. Isso promove a capacidade de identificar padrões, categorizar objetos e compreender relações entre os elementos da realidade;
- **a palavra é uma generalização que traz uma nova forma de pensar sobre a realidade**, pois consiste em um signo mediador na apreensão do mundo, sendo por meio dela que se estabelece relações de compreensão para nomear objetos e lugares e organizar suas experiências. A palavra é central no desenvolvimento do pensamento espacial;
- **expansão progressiva das características da interação da criança com a realidade**, pois a ampliação da percepção do mundo é mediada pela formação de conceitos de forma encadeada.

Representações espaciais na educação infantil

A linguagem desempenha um papel essencial na generalização e na organização do pensamento, expandindo o conhecimento de modo progressivo e estruturado. Se os conceitos são formados a partir de uma rede em que um conceito simples apoia o desenvolvimento de conceitos complexos, as habilidades enquanto funções executivas podem ser instrumentos operacionais no desenvolvimento de conceitos espaciais, desde a educação infantil. Saber a localização de uma estação de trem, por exemplo, passa pelo uso da palavra para estabelecer ponto de referência, distância, bem como a relação da palavra "trem" com outras tantas que levam a generalização de "transporte". Para saber e entender a localização de um lugar, outros princípios como a distância e a influência que este lugar exerce ao seu redor também são mobilizados, principalmente por meio da palavra na atividade dialógica. Localizar não é um ato isolado, pois demanda de outros princípios espaciais e necessita de reflexão sobre o significado e os sentidos histórico e social dos lugares.

Considerando o sistema conceitual, trem, carro, ônibus, moto, bicicleta e metrô são termos que ocupam a mesma latitude, pois pertencem a um conceito comum: meio de transporte. No entanto, cada um desses termos apresenta características distintas que são aprendidas e agrupadas. Saber as diferenças é uma ação mental ampliada por meio das atividades pedagógicas, especialmente quando as crianças pensam sobre a cidade e suas vivências nela. Isso ocorre porque os conceitos são desenvolvidos em uma trama de latitude e longitude na qual a localização de um conceito apresenta aspectos espaciais, mas também envolve conceitos referentes a condições sócio-históricas e a relações socioespaciais. Assim, a compreensão de um conceito não depende exclusivamente da definição, mas também do contexto no qual está inserido. Sobre meio de transporte, as crianças podem mobilizar uma série de questões que as levam às generalizações e compreensões da função social do conceito. Por exemplo, do ponto de vista:

- espacial: onde cada meio de transporte circula?;
- das condições sócio-históricas: como os meios de transporte são modificados ao logo da história?;

- das condições sócio-históricas: quem usa cada meio de transporte? Por que as pessoas usam um determinado meio de transporte e não outro?

O que diz o autor?

"Os conceitos sempre vão ser definidos por sua longitude, pela relação com o trecho concreto da realidade que está representada neles e que eles refletem. Cada conceito, deste ponto de vista, vai se caracterizar por um sistema desenvolvido de conceitos, por uma certa longitude e latitude que vão determinar sempre seu lugar num dado sistema de conceitos. Estas longitude e latitude do conceito na pesquisa experimental foram denominadas de medida da união comum dos conceitos. Cada conceito tem a sua medida da união comum, ou seja, sua combinação em torno dos momentos concretos e abstratos, seu grau de abstração e sua parcela de realidade, representada nele. Este é o lugar que caracteriza a medida da união comum do conceito". (Vigotski, 2017: 218).

Situar um lugar no espaço é localizar, mas também é identificar a hierarquia espacial que envolve esse lugar. Isso mobiliza as relações topológicas espaciais – de envolvimento, principalmente – na construção do conceito de localização e hierarquia. A isso, somam-se questões: onde está, dentro ou fora? Pertence ou não pertence?

Por exemplo, saber onde a escola está localizada é saber que há uma rua, um bairro, em que ela se encontra, mas também é reconhecer que diferentes relações existem extrapolando a unidade escolar. Reconhecer a localização da escola é compreender a circulação da comunidade escolar, a infraestrutura urbana e aspectos socioeconômicos. Nesse sentido a localização é um fator espacial e social, pois há elementos que conectam a escola ao ambiente ao seu redor, estando ela mesma inserida em um espaço maior, a cidade, o mundo, sendo parte, então, da complexidade das relações dos diferentes agentes que fazem parte dele. Estabelecer pontos de referência e reconhecer as características da cidade é também compreender semelhanças e diferenças relacionadas aos locais e aos bairros por onde se transita, é mobilizar as noções de comparação e influência espacial, é reconhecer os espaços construídos como praças, estações de ônibus e metrô.

Os conceitos são formados em diferentes níveis de generalização (latitude) e estão relacionados a fatores espaciais e sociais (longitude), pois não são construídos de forma isolada e fragmentada. Esse processo faz parte da formação do pensamento espacial, o qual é enriquecido no ambiente pedagógico à medida que as crianças refletem sobre sua cidade e suas próprias vivências. Tomando como base o conceito de vivência e a relação ensino-aprendizagem-desenvolvimento na representação espacial, diversos recursos podem ser utilizados, tais como:

- trabalho de campo;
- uso de fotografias;
- imagens de satélite;
- desenhos do espaço.

A observação, identificação e descrição dos espaços, juntamente ao diálogo constante entre pares e com os adultos, criam condições para a compreensão e problematização do espaço urbano vivido no cotidiano, desenvolvendo noções iniciais sobre as relações espaciais. Noções iniciais, pois as crianças ainda não estabelecem de forma consistente as relações de causa e consequência e, no caso dos estudos geográficos, as noções espaço e tempo também estão em curso. Perguntas sobre quais elementos compõe o espaço e o que nós fazemos e o que poderíamos fazer no espaço e indagações acerca das comparações dos bairros, da identificação das influências espaciais podem traçar caminhos para construção de um pensamento crítico sobre a cidade. Torna-se necessário pensar sobre o cotidiano da cidade e, para isso, o trabalho de campo é uma metodologia importante. Ele permite sistematizar a aprendizagem das crianças e o trabalho educativo acerca do espaço urbano e do entorno da escola, sendo possível, por meio dele, entrar em contato com diferentes sujeitos que fazem parte do bairro. O entorno da escola mobiliza questões sobre o lugar e não apenas a localidade, questões sobre as relações estabelecidas pelas pessoas com a cidade, a infraestrutura e o uso do espaço urbano. Considerando o conhecimento geográfico, o trabalho de campo com as crianças parte do pressuposto de que a sociedade só se realiza no espaço.

> "O MUNDO SÓ EXISTE NOS LUGARES, POIS A HISTÓRIA SE CONSTRÓI NOS LUGARES. ENTRE ESSAS POSSIBILIDADES E ESSES EXISTENTES CONCRETOS TEMOS OS EVENTOS. SÃO OS EVENTOS QUE TRANSFORMAM AS POSSIBILIDADES EM EXISTENTES, MAS OS EVENTOS NÃO SÃO ALHEIOS NEM INDIFERENTES AO QUE EXISTE." (SILVEIRA, 2006: 88).

O estudo sobre o entorno da escola com pode ser feito em duas etapas:

1. Primeira saída pelas ruas ao redor da escola para as crianças se ambientarem com a atividade. Esse primeiro momento também nos ajuda a entender a relação das crianças com este conhecimento sobre o espaço urbano e o bairro, o qual vai sendo mobilizado ao longo da saída, mas também adiante, quando for estabelecido o diálogo na "roda de conversa" e for proposto que observem fotografias e desenhem o trajeto.
2. A partir de um trajeto maior, o entorno ampliado, pode-se considerar a necessidade de pontos de referência, como nomes de rua, pontos de ônibus, estações de metrô, edifício, estabelecimentos comerciais, e promover uma comparação entres esses lugares ao longo do trajeto.

Com isso, trabalhamos estratégias de comparação, transição, influência e hierarquia espacial, pois as crianças buscam semelhanças e diferenças entre os lugares percorridos, notam a sequência dos lugares, são mobilizadas a pensar sobre a influência de equipamentos urbanos e transportes públicos na circulação e nas atividades das pessoas.

Representações espaciais na educação infantil

Com o objetivo de promover o reconhecimento dos locais na vizinhança da escola, a primeira consiste em uma caminhada com as crianças, que são auxiliadas por adultos com orientações e com a garantia da segurança. Ao longo do percurso, alguns pontos devem ser observados, tais como praças, presença de vegetação, infraestrutura de transporte, limpeza e área de lazer. Esses aspectos variam conforme o contexto no qual a escola está inserida. Após a caminhada, a roda de conversa promove a troca de visões e expressões sobre as percepções das crianças ao longo do trajeto. Quando realizamos esse tipo de conversa, além da atenção voluntária, uma série de recordações sobre o espaço urbano são acionadas junto às percepções, por exemplo o uso de calçadas, de transporte públicos e praças públicas. A memória sobre a segurança das calçadas, o movimento e o som do metrô que atravessa por cima das avenidas da cidade e os momentos de lazer nos espaços públicos envolve o olhar, as sensações, a audição e as lembranças afetivas sobre o espaço. A relação entre as memórias e as percepções dão base para a representação espacial por meio do desenho. Em um outro momento, as crianças observam fotografias dos locais de referência que foram observados na caminhada e as ordenam conforme a sequência do trajeto, mobilizando o pensamento espacial, principalmente no que diz respeito à transição espacial.

Nessas atividades, as crianças mobilizam-se para pensar a localização, a distância (perto e longe) e os pontos de referência principalmente pelo uso de fotografias e características visuais. Observamos a conjugação das funções psíquicas superiores – memória, atenção e pensamento – para colocar em ação a atividade criadora, ativando a imaginação.

Com o objetivo de ampliar o entorno da escola e o olhar da criança sobre as conexões entre a unidade escolar e o meio que a envolve, a segunda etapa exige orientação sobre os pontos de referência observados nas paradas ao longo do trajeto. Mobiliza-se os elementos espaciais, como na primeira etapa: localização, distâncias e pontos de referências. Após a caminhada, a observação das imagens a partir do Google Earth pode promover o diálogo sobre os diferentes pontos de vista (vertical

Vivência, a escola

e frontal) das crianças, o que nos leva a entender o que elas pensam sobre as diversas formas de ver o espaço. A caminhada aliada à observação das imagens na visão da rua promove um diálogo que fomenta as representações gráficas, como o desenho em um plano de base (uma folha A3 com uma margem). O diálogo e a observação de imagens dos locais visitados também podem ser apresentados com a finalidade de organizar a ordem no trajeto e servir de ponto de partida para que as crianças façam um desenho de outros locais a partir de pontos de referência em visão frontal.

Importante ressaltar que as atividades dialogadas estimulam a participação das crianças de forma que possam ter a atenção para recordar sobre os espaços visitados e imaginar os elementos que farão parte do seu desenho e como eles ocuparão o espaço gráfico. Desta forma, essas atividades, nas quais as crianças verbalizam sobre seus movimentos no espaço e sobre as características e funções dos lugares, impulsionam a aprendizagem sobre o espaço cotidiano. Nessa atividade, a criança é convidada a estabelecer pontos de referência, reconhecer a localização e desenhar abarcando os diferentes pontos de vista. Além disso, a atividade mobiliza reflexões acerca da transição espacial, promovendo, assim, a noção de tempo, pois a criança pensa sobre a sequência dos locais percorridos.

Assim, criar condições para que as crianças relacionem suas ações do dia a dia no espaço urbano com as atividades mobilizadoras das saídas a campo viabiliza procedimentos caros à sistematização do conhecimento: observação, descrição, questionamentos, classificações, argumentações e comunicação de ideias e conclusões. Mobilizar as crianças a pensar o espaço e suas relações de forma sistematizada é contribuir para formação do ser social. Ao compreender o que se ensina, deve-se analisar as maneiras pelas quais os sujeitos aprendem e, portanto, os fundamentos metodológicos do ensino, de modo que o trabalho educativo considere aspectos específicos para o desenvolvimento infantil. Considerando os pressupostos sobre ensino e aprendizagem, o meio escolar é um fator importante na formação de vivências, pois há intencionalidades nas ações pedagógicas.

Representações espaciais na educação infantil

ATIVIDADE DE ENSINO

O estudo sobre o entorno da escola

Objetivo:

Reconhecer os locais que compõem um trajeto.

Ações:

1. Deslocamento pelo trajeto.
   Orientação sobre a caminhada, considerando a segurança e os locais a serem observados.
2. Roda de conversa e desenho.
   Após o deslocamento pelo trajeto, em sala de aula, as crianças devem produzir um desenho do percurso. Depois, esses desenhos devem ser apresentados na roda de conversa.
3. Observação de fotografias e desenhos.
   Em pequenos grupos, as crianças devem organizar a sequência de fotografias dos lugares percorridos e, com isso, elaborar mais um desenho do trajeto.

Elementos espaciais:

Localização – onde fica a escola e o que compõe seu entorno.
Distância – a dimensão da unidade escolar e a composição do trajeto.
Pontos de referência – os locais de referência para a localização da escola.

Representação espacial:

Desenho – representações espaciais como memória do trajeto percorrido.
Fotografias – imagens feitas com as crianças dos locais percorridos.
Fala – oralidade das crianças e a comunicação com a professora; explicação e narrativas sobre o processo de produção do desenho. A fala apresenta os verbos que denotam o movimento no trajeto e as palavras que descrevem os espaços observados.

Estudo do entorno da escola ampliado

Objetivo:

Reconhecer os locais e a distância em um trajeto.

Reconhecer a sequência de lugares visitado e observados.

Observar a ordem, envolvendo o pensamento espaçotemporal.

Vivência, a escola

Ações:

1. Deslocamento pelo trajeto.
   Orientação sobre a caminhada, considerando a segurança e os locais a serem observados, mobilizando as crianças sobre os espaços que observarão no novo trajeto.
2. Conversa e observação do trajeto no Google Earth pelos diferentes pontos de vista e elaboração pelas ciranças de desenho em um plano de base (folha A3 com margem).
   Nessa etapa as crianças podem trazer inúmeras questões sobre imagem de satélite, imagens, escalas, proximidades. Uma excelente oportunidade para dialogar sobre as representações espaciais.
3. Diálogo e observação de imagens e desenhos a partir de pontos de referência em visão frontal.
   As crianças são convidadas a desenharem os locais observados no trajeto a partir de locais de referências. Elas recebem uma folha A3 com 4 espaços em sequência do trajeto, o primeiro e o terceiro em branco para que desenhem os locais visitados e o segundo e o quarto com uma fotografia de lugares. Obviamente que o percurso conta com mais de quatro locais de referência, mas dois deles podem orientar o pensamento sobre a sequência dos locais percorridos.

Elementos espaciais:

Localização – onde fica a escola e o que compõe seu entorno ampliado. Qual é a diferença em relação ao trajeto percorrido na atividade anterior?
Distância – a dimensão da unidade escolar e a composição do trajeto.
Pontos de referência – quais são os locais de referência para a localização da escola, considerando equipamentos urbanos e nomes de rua?

Representação espacial:

Desenho com plano de base – as crianças produzem o desenho em uma folha A3 com margem, formando um plano de base.

Fotografias – imagens dos locais percorridos no trajeto expandido.

Fala – uso de verbos e palavras para narrar ações e descrever os locais.

Desenho a partir de ponto de referências – folha A3 com 4 espaços em sequência do trajeto, o primeiro e o terceiro em branco e o segundo e o quarto com uma fotografia de lugares.

Figura 10 – Registro do espaço percorrido após observação do trajeto no Google Earth

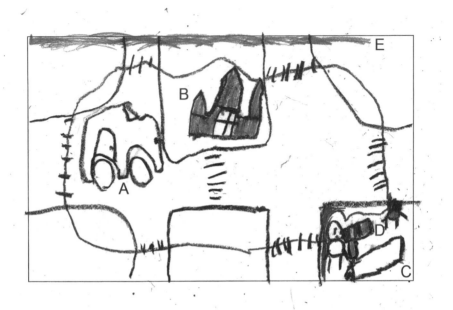

Fonte: acervo da pesquisa

A criança inseriu elementos presentes no espaço urbano, automóveis, sinalizações de trânsito e construções. Nota-se no desenho um carro (A) próximo à faixa de pedestre – desenhada por seis traços paralelos –, como se ele estivesse passando pela rua e próximo à igreja (B), constituída de três torres e uma porta com uma cruz. A faixa de pedestre é um elemento que une todos os quarteirões, o que demonstra a vivência dessa criança orientada pelo movimento atento às sinalizações. No canto inferior direito, a escola (C) e o ônibus escolar (D) estacionado em um chão demarcado por um tom escuro. Na parte superior da folha, a criança desenhou a faixa do céu (E), como elemento comum que orienta o arranjo dos elementos no espaço gráfico.

Vivência, a escola

Figura 11 – Atividade de completar com locais visitados

Fonte: acervo da pesquisa.

A primeira fotografia corresponde à estação de metrô, seguida pelo desenho da criança que traz pessoas em uma praça presente no trajeto.

A segunda fotografia é de uma escola estadual presente no percurso, seguida do desenho da igreja, também observada no trajeto.

O emprego do desenho enquanto linguagem tem como propósito torná-lo meio para aquisição, expressão e comunicação de conhecimento e pensamento. O desenho do espaço é uma representação espacial, envolve um pensamento espacial, que é uma capacidade cognitiva própria humana.

Organização da atividade de ensino e sistematização de dados produzidos na sala de aula

Se você faz pesquisas sobre as práticas de ensino, pode ter encontrado dificuldades em sistematizar as falas, as interações discursivas, as ações dos participantes. A seguir, será apresentado um caminho elaborado por Martins (2011) para ajudar na compreensão e organização dessas informações presentes nas atividades. Consiste em um quadro-síntese que reconhece a presença da comunicação por meio da fala, de recursos visuais e expressões gestuais:

- a. a classificação funcional: momentos de uma atividade pedagógica como a organização da sala, introdução, revisão e apresentação de um tema.
- b. a atividade: relaciona-se aos momentos descritos na primeira coluna, podendo ser classificada conforme sua natureza, como *gerenciamento* – quando distribuímos os materiais, pedimos a atenção das crianças para ouvir uma história ou uma pergunta, ou propomos a organização em grupos – ou como *conceitual* – atividade de leitura, discussão ou a representação gráfica de um problema.
- c. modos semióticos: sistematiza a comunicação entre os participantes realizada não apenas por meio da fala, mas também considerando aspectos visuais e gestuais.

A partir desses elementos presentes em atividades de ensino, independentemente do tema, acrescenta-se o elemento chamado "critérios de análise", que nos permite observar de forma mais aproximada aquilo que nos interessa nessa atividade de ensino: o pensamento espacial e as representações e conceitos espaciais. Esses critérios podem ser extrapolados de forma que os temas e os conteúdos geográfico também possam ser listados neste quadro.

Modelo de mapa dos registros

Classificação funcional	Atividade	Modos semióticos			Critérios de análise	
		Verbal	Visual	Gestual/ Ação	Pensamento espacial	Representações e conceitos espaciais

Fonte: Adaptado de Martins (2011: 311).

Vivência, a escola

Questões para refletir

- Como o reconhecimento das funções psíquicas superiores das crianças pode orientar o planejamento pedagógico para a construção do conhecimento espacial?
- De que maneira o uso de palavras e conceitos espaciais influencia a construção do pensamento espacial das crianças?
- Como as diferentes etapas do estudo do entorno escolar contribuem para o desenvolvimento do pensamento espacial das crianças?
- Se você está em formação para docência, procure uma escola onde possa observar os espaços dela e as possibilidades de atividades envolvendo o pensamento espacial.
- Como podemos compreender as formas como as crianças lidam e percebem o espaço urbano a partir da relação entre conhecimento geográfico e a construção do pensamento espacial?

Representação espacial, o desenho

O desenho é recurso para expressão do ser humano, sendo uma primeira escrita das crianças. Estas, em seu desenho, manifestam elementos referentes à cognição, cultura, desenvolvimento motor e afetividade. O ato de desenhar requer uma série de aprendizado que carrega em si historicidade da funcionalidade da representação gráfica acerca de um pensamento ou informação espacial.

Iniciação cartográfica

Ao longo do desenvolvimento da Cartografia Escolar, muito se discutiu o paralelo entre o ensino de leitura e escrita e o ensino de mapas.

Como se trata de aquisição de linguagem, o processo de aprendizagem extrapola a codificação e a decodificação dos símbolos. Isso fica mais evidente quando tomamos a importância das representações espaciais, pois envolve a compreensão das relações espaciais na formação do pensamento espacial. Os desenhos das crianças revelam que as noções espaciais e as formas gráficas de representação aparecem antes da compreensão dos elementos do mapa.

> O processo de desenvolvimento das representações espaciais tem a *iniciação cartográfica* como princípio na infância, por meio dos desenhos, movimentos e modelos tridimensionais.

O desenho sobre o espaço é considerado uma representação espacial por exigir a codificação do real em signos gráficos e uma atividade cognitiva sobre o que se desenha, sobre objetos, lugares, pessoas e animais de um determinado espaço. A representação espacial envolve pensamento e linguagem, pois implica conhecimentos espacial, gráfico e geográfico mobilizados pelas funções psíquicas superiores de memória e imaginação para a atividade criadora.

Quando a criança desenha um espaço, antes mesmo do domínio das letras do alfabeto e das palavras, ela enuncia suas ideias e imaginações por meio de seus primeiros mapas. Esses desenhos tornam-se parte fundante da iniciação cartográfica, pois envolve conceitos espaciais e pontos de vista diversos, correspondendo assim a um sistema de representação espacial. Considera-se três elementos sobre o desenho na iniciação cartográfica: a) a criação de equivalentes gráficos; b) a tradução do volume; c) o ponto de vista.

Para desenvolver o conhecimento sobre o espaço, as atividades de desenho podem partir da intenção de mapear e da função do mapa criado. De modo geral, as situações de desenho podem ocorrer em diferentes formas: desenho espontâneo, desenho cópia, atividade de reunião, atividade de completar, atividade de inversão, atividade de leitura e atividade de registro (Quadro 2).

Representação espacial, o desenho

Quadro 2 – Situações de desenho

Situação de desenho	Características
Desenho espontâneo	"Propicia conhecer o universo simbólico, temático e conceitual das crianças" (Pillar, 1996: 57)
Desenho cópia	Reprodução de traçados e correspondências.
Atividade de reunião	Construção de cena.
Atividade de completar	Desenho a partir de um problema gráfico.
Atividade de inversão	Teste de inversão das figuras desenhadas.
Atividade de leitura	Conhecer a produção e ampliar o repertório. Leitura da própria produção ou de obras de arte e história do desenho.
Atividade de registro	Desenho da história, desenho da vivência, desenho de observação, jogo gráfico.

Fonte: elaborado a partir de Pillar (1996).

Ao planejar uma atividade com as crianças, podemos buscar saber como cada situação mobiliza e articula as funções psíquicas superiores – memória, atenção, percepção e pensamento – a partir do uso de signos de forma consciente pelas crianças. Quando há uma compreensão sobre o que se desenha e quais elementos incorporar na representação, entendemos o papel dos signos como mediadores na vivência e na expressão das crianças.

A representação gráfica envolve uma representação mental, que também é concreta, pois está em seu mapa virtual (no hipocampo), considerando espaço, tempo e distância de coisas, lugares e pessoas. As representações gráficas são alimentadas por representações mentais, que envolvem o conhecimento sobre aquilo que se desenha e as experiências vividas frente a ele. Há estreita relação entre imaginação e memória, de modo que uma função cognitiva se alimenta da outra na atividade criadora.

O que diz o autor?

"A atividade criadora da imaginação depende diretamente da riqueza e da diversidade da experiência anterior da pessoa porque essa experiência constitui o material com que se criam as construções de fantasia. Quanto mais rica a experiência da pessoa, mais material está disponível a sua imaginação." (Vigotski, 2018: 24).

Como a natureza da representação espacial envolve o espaço concreto e gráfico, o ato de desenhar um determinado espaço implica a relação entre imaginação e realidade. Em uma situação de desenho, a criança está diante do desafio de fazer uma representação gráfica e bidimensional, ou seja, fazer um desenho que não existe referente a um espaço existente.

> **As vivências e o hipocampo**
>
> Por toda a vida, vamos colecionando uma série de memórias sobre os lugares e as pessoas com quem convivemos. No livro *O cérebro de luto: como a mente nos faz aprender com a dor e a perda*, Mary-Frances O'Connor nos apresenta estudos sobre as mudanças destes mapas virtuais na nossa mente, quando perdemos um ente querido. Ela afirma que há mudanças de espaço, tempo e distância relacionados àquela pessoa que morreu, o que implica a compreensão de que as memórias estão vinculadas a um período, por isso a necessidade de novas vivências. Este pequeno adendo sobre o impacto do luto na transformação dos mapas que temos em nossa mente ilustra a influência das vivências ao longo da existência e a reconstrução de novos mapas mentais. E o espaço, o tempo e a distância não podem ser dissociados dessas elaborações.

Isso envolve a chamada atividade combinatória, conforme a teoria histórico-cultural. O cérebro não gera algo totalmente inédito, mas toma como base experiências anteriores, ou seja, por meio da memória que uma ação diferente e nova é qualificada ao se combinar com a imaginação. A crianças faz um desenho em uma situação de ensino, um desenho que não existia, mas a partir dessa combinação entre memória e imaginação passa a existir.

O desenho não está necessariamente vinculado a um espaço próximo e vivido, pois a atividade criadora também se configura como uma atividade combinatória das experiências alheias, da história social, de um conto ou um estudo anterior de outra pessoa com a experiência daquele que produz o desenho.

Para essa combinação, a experiência alheia deve fazer sentido ao sujeito, por exemplo, após a leitura de um livro que narra a história de uma viagem ao núcleo da Terra. Discutindo sobre o que havia debaixo do chão a partir de uma cama, uma criança disse que debaixo do chão havia "massa de cimento". O cimento não estava presente na história, mas a criança relacionou a narrativa com suas experiências.

Compreendemos que os trabalhos com as artes de modo geral e histórias de outras pessoas ampliam repertórios das crianças, pois promove conexões diversas principalmente com a imaginação. Já os trabalhos com o enfoque no espaço próximo, do trajeto, da experiência, envolvem a memória e a atenção para fomentar a imaginação na atividade criadora de um desenho. Para educação infantil, é desejável trabalhos com as crianças apoiados tanto nas experiências sociais (histórias) quanto nas experiências pessoais, levando em conta as emoções, haja vista que a combinação entre imaginação e realidade também guarda um aspecto emocional.

Determinados assuntos evocam sentimentos que podem aparecer no desenho por meio de signos afetivos, da representação gráfica e de falas, com a representação oral. Por exemplo, durante uma situação de desenho sobre os lugares preferidos na cidade, uma criança desenhou um supermercado repleto de corações rosas e vermelhos e disse que acompanhava sua mãe nas compras. Em outra situação de registro, após o diálogo sobre o que havia debaixo do chão, uma criança desenhou um diabo bem pequeno no canto da folha e disse que tinha medo. Esses dois exemplos mostram sentimentos distintos, um envolve o cotidiano de afeto carinhoso entre criança e mãe e o outro condiz com um imaginário de uma figura temida.

A combinação entre realidade e imaginação também pode corresponder a algo totalmente inexistente, por exemplo uma história na qual os animais falam e escrevem, ou seja, utilizam instrumentos culturais como a palavra pela oralidade e pela grafia.

Por meio desses exemplos, é possível compreender que a combinação entre realidade e imaginação envolve quatro formas na atividade criadora:

- a experiência fomenta a imaginação;
- a imaginação fomenta a experiência;
- os elementos afetivos fazem parte da criação;
- não há correspondência com o real, algo existente.

A atividade combinatória entre realidade e imaginação torna-se importante para as crianças da educação infantil, para que as funções psíquicas superiores possam ser ampliadas de forma integral. As atividades de completar, de registrar e de ler a própria produção podem desenvolver a representação espacial de forma intencional visando também o desenvolvimento da atenção, percepção, imaginação e verbalização, somadas ao pensamento na construção de conceitos e das noções de espaço e tempo. As atividades de representação espacial envolvem, além do ato de desenhar, a vivência de transcrever o que se pensa em forma gráfica.

O que diz o autor?

"Deve-se indicar a importância de cultivar a criação na idade escolar. Todo futuro é alcançado pelo homem com a ajuda da imaginação criadora. A orientação para o futuro, o comportamento que se apoia no futuro e dele procede é a função maior da imaginação, tanto quanto a estrutura educativa fundamental no trabalho pedagógico consiste em direcionar o comportamento escolar, seguindo a linha de sua preparação para o futuro, e o desenvolvimento e o exercício de sua imaginação são uma das principais forças no processo de realização desse objetivo." (Vigotski, 2018: 22).

Os desenhos infantis são diversos quanto às suas formas, composições e temáticas. Quando tratamos das representações espaciais, devemos considerar as projeções que as crianças fazem dos objetos e corpos tridimensionais nos espaços gráficos, bidimensionais.

Ao longo do desenvolvimento do desenho infantil, a criação intencional apresenta inicialmente formas esquemáticas, principalmente no que diz respeito à figura humana e aos animais. Por exemplo, o corpo humano é representado por cabeça-pernas – forma esquemática – em um primeiro momento, refletindo a construção do esquema corporal – base cognitiva sobre a qual se delineia a exploração do espaço que depende tanto de funções motoras, quanto da percepção do espaço imediato, consciência do corpo e de seu movimento – da criança. A figura humana representada pelas pernas paralelas que se ligam a um círculo, a cabeça com olhos e bocas, de onde surgem dois traços, os braços. Essa forma de representação caracteriza-se pela verticalização da figura humana, apresentando as relações espaciais em cima/embaixo, um lado (esquerda)/outro lado (direita).

Figura 12 – Figura humana por cabeça-pernas

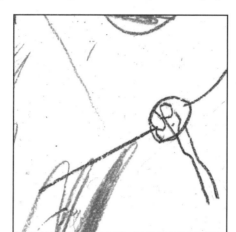

Fonte: acervo da pesquisa.

O desenho da figura humana abrange a relação entre corpo e espaço, pois reflete uma organização interna das partes que compõem a totalidade do corpo e sua relação com o ambiente, ou seja, a representação não se restringe ao que se vê. A criança desenha o que sabe sobre o objeto, promovendo a relação entre representação gráfica e representação mental. A partir dessa relação e do aprimoramento do uso dos instrumentos e das funções mentais, o desenho esquemático passa a ter mais detalhes, pois há a combinação entre a representação formal e esquemática.

Para representar um momento de uma história, uma figura humana ou um trajeto, a criança escolhe equivalentes gráficos (termo usado por Jacqueline Goodnow (1979) no livro *Desenho de crianças*) para simbolizar determinado elemento ou objeto. Por exemplo, há diferentes formas gráficas que as crianças usam para representar um nariz na figura humana, como ponto, linha, círculo ou triângulo. Os desenhos são equivalentes, pois contêm certas propriedades do objeto original que se pretende representar – e uma determinada convenção estipula com frequência o que deve ser ou não incluído.

Analisar os desenhos das crianças enquanto produção do pensamento delas, mais que uma atividade visual isolada, é pensar em contextos de aprendizagem que buscam desenvolver estudos sobre a própria produção gráfica. Compreender o desenho infantil torna-se também uma oportunidade para observar o modo como se desenvolvem certas generalizações e como as crianças agregam novos equivalentes gráficos em suas representações.

O desenho é linguagem e pensamento expressos em um espaço gráfico, é pensamento porque há uma ideia, um conhecimento sobre algo. Ele alimenta, modifica, mobiliza o pensamento após sua elaboração. A escrita sobre o espaço por meio do desenho também modifica o pensamento, de modo que o domínio dos instrumentos, das funções cognitivas e do conteúdo está em processo de desenvolvimento. Assim, memória, imaginação, pensamento e atenção, junto ao espaço gráfico e aos materiais como giz e papel, concretizam um pensamento espacial com conteúdo social, político e cultural da criança. Nasce o mapa da criança!

O ato de desenhar mobiliza no sujeito uma série de necessidade de seleção de conteúdo, instrumento e símbolos. Luria (2012) ao estudar o desenvolvimento da escrita na criança discute a consciência da função social de escrever enquanto produção de registro, o que envolve memória e comunicação dela e de um pensamento. O desenho é parte da aprendizagem tanto da escrita quanto do mapeamento na infância. É sabido que o desenho implica o uso de uma série de elementos mais livres no sentido da comunicação, pois não demanda uma estrutura da língua, como uma gramática, ou um rigor cartográfico que busca precisão de uma localização em uma trama de coordenadas, por exemplo.

Mapear e escrever

Mapear e escrever demanda a aquisição de linguagem no interior do contexto cultural. É necessário compreender as diferenças e as especificidades dessas linguagens:

- a escrita envolve uma série de elementos da gramática, no âmbito da morfologia e da sintaxe;

> - o mapa envolve elementos da cartografia, como ponto de vista, legenda, escala. De modo geral, não há um alfabeto. Ponto, linha e área constituem o mapa enquanto formas geométricas, mas não correspondem a ideia da morfologia e sintaxe da escrita.
>
> Tanto texto quanto mapa podem ser livres para comunicar uma ideia ou informação, dependendo de suas funções e contextos.
> Importante compreender a riqueza sobre a diversidade da produção de textos e mapas, pois envolve processo criativo resultante da imaginação, memória e pensamento.

A criança não mapeia apenas quando a legenda e escala estão presentes. Da mesma forma que a criança não escreve apenas quando as letras, palavras e frases estão formadas. Há um processo anterior que abrange o reconhecimento de noções dos elementos que compõem estes dois sistemas distintos, escrita e mapa, e as funções sociais dessas representações. A criança na Educação Infantil escreve e mapeia pelo desenho. Luria (2012) sobre o desenvolvimento da escrita conclui que a criança desenvolve uma série de técnicas com funções semelhantes até o momento que aprende um sistema de signos padronizados na escola.

Para que a criança construa a escrita sobre o espaço na infância por meio do desenho, podemos considerar duas condições:

- a criança estabelece relação com os objetos a partir de seus interesses ou a partir da função que as coisas têm para ela;
- a criança controla seu comportamento a partir das relações de interesse ou de reconhecimento da função dos objetos.

É possível observar que as crianças de 4 anos de idade compreendem que rabiscos na folha podem ter a função de recordação, ou seja, o risco torna-se um recurso para memória. O desenho torna-se escrita e mapa construído por signos pela criança.

Enquanto uma linguagem composta por signos, o desenho torna-se mediação na construção do pensamento espacial, pois a criança estabelece equivalentes gráficos na composição das representações do espaço. Por exemplo, o espaço gráfico organizado por linha do céu, linha do chão e a faixa do meio com os elementos da paisagem.

Figura 13 – Composição da cena por elementos na faixa entre linha do céu e do chão

Fonte: acervo da pesquisa.

O desenho do espaço é uma representação diferenciada que busca simbolização do pensamento que se tem sobre um determinado espaço, por exemplo, o lugar de personagens em uma história. As crianças não leem a história, mas a desenham, e progressivamente passam a ter domínio do instrumento de mapear e escrever, a partir das atividades no ambiente escolar.

Planejar atividades de ensino que envolvam representações espaciais implica compreender a relação entre conhecimento geográfico e pensamento espacial, bem como as condições para ações partilhadas e dialogadas com as crianças. A seguir, podemos compreender as situações de desenho na representação espacial.

Representação espacial, o desenho

Quadro 3 – Situações de desenho na representação espacial

Atividade de representação espacial	Situação de desenho
Leitura e desenho de uma história Atividade consiste em contar uma história, promovendo a compreensão da sequência de fatos e dos lugares. A literatura infantil tem uma gama de livros que objetivam o desenvolvimento da leitura e de noções de espaço e tempo. Após a leitura coletiva em roda, as crianças realizam o registro da história por meio do desenho. Pode-se solicitar uma cena em especial, a sequência ou a parte mais marcante para cada uma.	Atividade de registro
Narrativa sobre a história do desenho A história do desenho consiste em compreender o desenvolvimento desta forma gráfica desenvolvida pela humanidade. No contexto do desenvolvimento infantil em relação ao pensamento e à representação espacial, reconhecer a história do desenho da criança é ter escuta ativa para conhecer as escolhas de instrumentos, cores, organização, temas e tantos outros aspectos que aparecem nas narrativas sobre o desenho. A escuta ativa como parte fundamental deste tipo de atividade articula-se ao compartilhamento de ideias e denota a importância do processo realizado na produção gráfica.	Atividade de leitura
Diálogo gráfico Essa atividade propõe a elaboração de um desenho a partir de um traço inicial, seguindo uma proposta temática e mantendo um sentido narrativo. Esse tipo de atividade mobiliza a organização dos elementos no espaço gráfico, além da imaginação e expressão sobre a temática.	Atividade de completar
Desenho do espaço percorrido A proposta é de organizar uma caminhada com as crianças em um espaço, por exemplo, o entorno da escola ou pela própria escola, dependendo do enfoque que se deseja: mobilizar questões acerca do espaço urbano ou reconhecer os espaços da escola e suas funções. Após a caminhada com observação e conversa entre os participantes sobre os locais visitado, em um ambiente, calmo e protegido, é solicitado um desenho do trajeto. Pode-se solicitar um determinado local, o trajeto todo ou um local de interesse da criança, dependendo da proposta.	Atividade de registro
Desenho a partir da observação de representações tridimensionais Esse tipo de atividade mobiliza diferentes pontos de vista, a manipulação de miniaturas – materiais tridimensionais – para organizar uma determinada representação espacial. Esse tipo de atividade pode mobilizar a percepção visual e a habilidade de representar formas com profundidade, além de implicar a relação entre representações tridimensional e bidimensional, ou seja, na tradução do volume existente na forma tridimensional para o espaço gráfico, bidimensional.	Atividade de reunião
Desenho coletivo após atividade de problematização sobre localização espacial Após o diálogo e uma atividade problematizadora sobre a localização das coisas e lugares, a proposta de um desenho coletivo tem como objetivo consolidar a compreensão sobre o espaço, mobilizando a colaboração e a criatividade.	Atividade de registro

EXEMPLOS DAS PRODUÇÕES INFANTIS NAS SITUAÇÕES DE DESENHO

Leitura e desenho de uma história: o que tem debaixo do chão.

Maquete organizada pelas crianças.

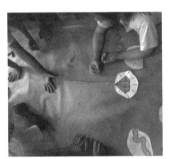

Desenho coletivo: o que tem debaixo do chão?

Diálogo gráfico a partir da observação da maquete.

Diálogo gráfico: uma cama de perfil – o que tem debaixo da cama? A- túnel do trem.

Desenho a partir da observação de representações tridimensionais.

Fonte: acervo da pesquisa.

Representação espacial, o desenho

O desenho sobre o espaço antecede o conhecimento das formas gráficas para representação espacial; antecede o conhecimento de cartografia e de mapeamento. Quando se desenvolve uma atividade de registro com o desenho do espaço percorrido, busca-se apresentar objetos espaciais, ordem e sequência temporal e posicionar as distâncias de forma intencional. Esse tipo de desenho traduz uma representação mental acerca da relação espaço, tempo e distância, mobilizando a noção de localização e relações topológicas.

As situações de desenho com base na produção da representação espacial demandam procedimentos do pensamento espacial, uma vez que a leitura e desenho de uma história, por exemplo, implica pensar a sequência de espaços e ações das personagens na narrativa em uma lógica espaçotemporal. Importante ressaltar que ao longo das produções infantis, as crianças elaboram oralmente suas narrativas sobre o desenho, por meio das quais as crianças explicam seus processos criativos. Essas narrativas nos ajudam a compreender elementos referente à cognição, cultura, desenvolvimento motor e afetividade da criança que desenha.

"A AQUISIÇÃO DESTES SISTEMAS SEMIÓTICOS [ESCRITA, NOTAÇÃO NUMÉRICA, GRÁFICOS E SISTEMAS INFORMÁTICOS] CONSTITUI-SE EM UM MARCO FUNDAMENTAL NO DESENVOLVIMENTO DE QUALQUER PESSOA. POR VÁRIAS RAZÕES. POR ENQUANTO, PORQUE SUA AQUISIÇÃO ESTÁ ALICERÇADA NUMA DAS COMPETÊNCIAS COGNITIVAS MAIS GENUINAMENTE HUMANAS: A CAPACIDADE DE CRIAR E USAR SIGNOS." (MARTÍ, 2003: 15).

FUNÇÕES COGNITIVAS, SOCIAIS E CULTURAIS NA REPRESENTAÇÃO ESPACIAL

Os mapas – representações bidimensionais de um determinado espaço tridimensional – apresentam funções diversas conforme o meio e o grupo social que os produz e os utiliza. Por ser uma linguagem, o mapa é visto em sua pluralidade, ainda mais por se tratar de comunicação visual e tratar do espaço, que também é diverso. Os mapas são sistemas externos (junto a escrita, notação numérica, gráficos e sistemas informáticos) pois são compreendidos como artefatos culturais mediadores da cultura humana ao passo que sem estes sistemas a nossa cultura seria muito diferente, bem como a nossa mente.

Os sistemas de representação externos fazem parte do ambiente escolar, é nele que a criança reconhece e desenvolve de forma sistematizada a aquisição das representações com intencionalidade e intervenção da professora. Importante ressaltar que, por serem artefatos culturais, estão na vida das crianças antes da sua entrada na escola: as crianças podem entrar em contato com mapas no cotidiano do ambiente familiar, por exemplo. A criança pode ser mobilizada a pensar sobre a função social do mapa por meio das brincadeiras, como "caça ao tesouro" e a "amarelinha", ou por meio animações (desenhos animados) feitas para elas, caracterizadas pela linguagem específica do meio cultural infantil, como no caso da *Dora, a aventureira*, e de *O mundo de Greg*.

Representação espacial, o desenho

Desenho como um sistema representação

Os sistemas externos de representação são compreendidos em uma perspectiva histórica, evolutiva e educacional, de modo que podemos relacionar a representação gráfica e a iniciação cartográfica, considerando a formação cultural da mente humana. O desenho pode ser considerado um sistema de representação externa ao passo que tem relevância cultural para as crianças que se expressam pelo grafismo, a criança escreve e brinca pelo desenho. Há uma nítida relevância cultural do desenho na infância, o que permite compreender a necessidade dessa forma expressiva para o desenvolvimento individual das crianças. Desta forma, ressaltamos a relação externa com as condições internas delas, o que nos leva a considerar as relações intrapsíquicas das funções de memória, imaginação, atenção e pensamento na atividade criadora como realização da atividade humana. Temos como base o livro *Representar el mundo externamente: la adquisición infantil de los sistemas externos de representación*, de Eduardo Martí (2003).

No desenho *Dora, a aventureira*, o mapa é evocado quando a personagem precisa se deslocar e chegar a algum lugar e, então, ele indica os locais que devem ser percorridos, sempre trabalhando pontos de referência e noções de direção. O caminho é apresentado com um mapa aberto, demarcado por um plano de base, com alguns tracejados correspondentes a rotas e rios em uma visão vertical e ilustrações dos locais em visão frontal. Há uma mistura dos pontos de vista tal como é a própria representação das crianças, de modo que as crianças reconhecem e ampliam a perspectiva, dialogando com a representação mental do sujeito que lê o mapa. O mapa tem a função de guiar a personagem ao seu local de destino e apresentar os locais de referência para o deslocamento.

Em *O mundo de Greg*, o mapa aparece de diferentes formas e vários momentos, por exemplo, quando é consultado para resolver desafios e encontrar atalhos, há momentos em que o mapa é atualizado porque novas áreas são reconhecidas e, em alguns momentos, o mapa também é objeto de disputa e preocupação.

Estes exemplos nos ajudam a compreender que o mapa, enquanto linguagem, deve estar de acordo com aquele que interage e aprende com ele, para, assim propor ações que correspondam às funções psíquicas

Representações espaciais na educação infantil

superiores e as amplie de forma contextualizada com o desenvolvimento humano, uma vez que a linguagem é aquisição cultural. Dessa forma, compreendemos a estreita relação entre cultura, educação e desenvolvimento humano, no sentido das vivências.

Por meio da recriação dos elementos de codificação dos objetos reais na representação gráfica das crianças, podemos perceber, analisar e interpretar como as ações de desenhar o espaço implicam e abrangem aspectos da cartografia e do mapeamento.

O desenho não é o mapa como tal concebido pela ciência dotado de coordenadas, escala, norte, semiologia gráfica, mas introduz características elementares sobre a representação gráfica enquanto um sistema de representação externo, principalmente por três motivos:

- o desenho apresenta elementos comuns a um determinado grupo por se tratar de comunicação e linguagem;
- introduz elementos e problemas da produção e leitura de mapa como criação de equivalentes gráfico, tradução do volume e proporção;
- mobiliza funções psíquicas superiores.

Os desenhos constituem-se como expressão do pensamento e condizem com um contexto específico no qual eles foram produzidos. Quando esse contexto é a Educação Infantil, podemos supor que há intencionalidade na proposta do desenhar, pois as ações são sistematizadas e promovem um ambiente enriquecedor para o desenvolvimento cognitivo, de modo que ocorre a problematização sobre o modo de se produzir um desenho, o desejo de representar algo real e o pensamento sobre a composição no espaço gráfico. Para desenhar, escolhe-se ponto de vista e se faz uma seleção do que se pretende representar, como também ocorre na produção dos mapas.

Considerar a relação entre os objetos que comporão uma cena no espaço gráfico envolve a proporção entre os elementos representados, mas também com o objeto real, pois o que é pequeno no real será pequeno

Representação espacial, o desenho

também em relação aos outros objetos no espaço gráfico. A proporção é elementar para construção gráfica e se trabalha com a noção elementar de redução e ampliação, base prática para construção do conceito de escala, assim, a proporção faz parte da iniciação cartográfica.

O desenho como representação do espaço lida com o problema de traduzir o volume do espaço real para o espaço gráfico, problema semelhante a produção de mapas, a qual depende da escolha de uma projeção. A criança cria formas de superar essas dificuldades, principalmente em relação à profundidade, por meio da transparência e do rebatimento. A representação gráfica do espaço pode apresentar pontos de vistas diferentes, nesta tentativa de tratar do volume: ponto de vista único, conjunção sincrética com seus rebatimentos, busca de profundidade e a perspectiva convencional.

Os estudos feitos por Greig (2004) mostram que as crianças desenham a brincadeira de roda em diferentes perspectivas, pois há uma conjugação entre a projeção corporal (o desenho das figuras humanas) e o espaço. Por exemplo, a continuidade que a roda pressupõe não existe na representação de ponto de vista único, isso causa insatisfação do sujeito que vive a roda, que procura equivaler o desenho ao mais real possível e, assim, desenha com rebatimentos chegando a uma brincadeira de roda no formato circular ou pode apresentar a roda em perspectiva de quem vê de frente uma roda. Há um problema que a criança precisa lidar: o volume. Para resolver este problema do volume e o ponto de vista, é comum o estabelecimento da linha do céu, linha de base e a faixa do meio.

> "A REPRESENTAÇÃO DOS VOLUMES, COM SUA ESPESSURA E SUAS DIVERSAS FACES, E O JOGO CO-ORDENADO DE COMPOSIÇÕES EM DIFERENTES PLANOS NÃO ESGOTAM, CONTUDO, A FIGURAÇÃO DO PRÓPRIO ESPAÇO. UMA LINHA DE CÉU OU UMA FAIXA DE NUVENS, UMA LINHA DE SOLO OU UMA PLATIBANDA DE HASTES DE GRAMA OU DE FLORES INTRODUZEM, ÀS VEZES PRECOCEMENTE, AS TRÊS FAIXAS DE SUA ESTRUTURAÇÃO GRÁFICA MAIS HABITUAL." (GREIG, 2004: 105).

Os mapas e as crianças

Os mapas como artefato cultural passaram por diferentes processos culturais de elaboração, de modo que hoje podemos pensar na pluralidade da cartografia e de seu impacto na formação da mente e na ação dos grupos sociais. O fato de a criança se apropriar desses artefatos não significa que essa aquisição ocorra por meio de uma internalização de todo o processo da humanidade por parte da criança como receptora da cultura externa, pois a criança recria ao seu modo as formas de expressão devido aos aspectos cognitivos e culturais da infância.

Apesar da criança encontrar os mapas prontos no meio cultural, ou seja, as representações externas já elaboradas pela humanidade por meio de muitos desafios e complexidade de criação, não significa que a aquisição seja simples, uma vez que requer e mobiliza a cognição.

Mapear o espaço vivo e dinâmico para explicá-lo e compreendê-lo cada vez mais é desafiador para geógrafos, cartógrafos e crianças!

A representação dessas três faixas é muito importante para compreender a forma como as crianças desenham o espaço e pensam as relações topológicas entre os objetos. A linha do horizonte consiste em um valor relacional expressivo de fusão, contato, barreira ou conflito no sistema de representação e relaciona-se aos procedimentos do pensamento espacial, como a transição espacial.

Tanto o desenho quanto o mapa apresentam a mesma natureza, a representação gráfica, e o mesmo objeto, o espaço, por isso enfatizamos o desenho infantil como parte da iniciação cartográfica. O desenho de um espaço comunica algo sobre o espaço e o mapa também emite uma informação espacial e consiste em sistemas de representação, um sistema aberto por tratar da concretização das ideias sobre um determinado lugar, às vezes vivido diretamente e outras vezes não, como os espaços das histórias, que se somam às memórias para a atividade de criação e expressão.

Os desenhos das crianças sobre o espaço mobilizam os procedimentos do pensamento espacial, pois há um conteúdo de cunho relacional porque é social, cultural e histórico. Para desenhar, é preciso imaginar, recordar, pensar e refletir sobre as condições e conexões presentes no espaço e os elementos que o constitui. Dessa forma, atividade criadora se realiza, pois a representação do conhecimento espacial que a criança expressa nos permite compreender, além do universo infantil, as possíveis relações entre os princípios geográficos, como o de localização, com aqueles envolvidos na Cartografia, como a seleção de conteúdo, o ponto de vista e os símbolos criados.

Os três motivos para se considerar o desenho um sistema de representação nos levam a considerar principalmente a recriação por parte das crianças, realizada ao seu modo e em consonância com suas necessidades cognitivas. A palavra "sistema" nos remete à ideia de conjunto de elementos encadeados cujo funcionamento ocorre como um todo. As representações apresentam determinadas propriedades formais que levam à essa concepção de conjunto. Assim, as representações usam recursos externos, como os objetos observáveis e os instrumentos para desenho (elementos culturais), mas também são constituídas por meio atividades mentais. Portanto, as representações envolvem um processo que é mental e cultural.

O desenho enquanto um sistema de representação não diz respeito apenas a uma questão individual, pois envolve a construção coletiva sobre o conhecimento do espaço, os conceitos envolvidos e os instrumentos utilizados. O desenho não independe do contexto, pois resulta da ação, do fazer e sintetiza respostas perceptivas, afetivas e cognitivas sobre os materiais e os objetos.

Na educação infantil, as crianças adentram uma cultura do conhecimento sistematizado, ampliando e aprimorando conhecimentos já existentes, os quais, às vezes, estão presentes no âmbito da percepção. Na escola, conhecer a função social do mapa e a capacidade humana de desenhar o espaço é adentrar o conhecimento acumulado historicamente pela humanidade e desenvolver as funções superiores de pensamento. Nesse sentido, a cognição está presente no processo da produção gráfica, uma vez que se toma a atenção, o uso de instrumentos e procura-se expressar algo que está na mente sobre o mundo concreto e social. A produção gráfica é feita pela conjugação da cognição, do pensamento, o que passa pela percepção, mas não se fecha nela, pois necessita de pressupostos e noções no âmbito da construção simbólica, à medida que recria aquilo que se deseja desenhar. O desenho é linguagem, ou seja, é produzido pelo pensamento. Quando se desenha um determinado espaço, há a concretização do pensamento espacial e, também, há uma recriação do espaço representado.

Para nós, professoras, o desenho releva-se como um instrumento para refletirmos sobre formas de ampliar o repertório para o pensamento espacial, além de nos provocar a considerar a organização do espaço gráfico e as formas dos elementos representados. Também envolve o domínio dos instrumentos para representação. Ao observarmos um desenho feito por uma criança, podemos procurar saber como ela dispõe os objetos conforme uma organização espacial, identificando qual elemento em uma cena estabelece a relação de conjunto. Esse processo nos permite compreender o ponto de vista da criança que desenha o espaço, assim como a paisagem que está sendo representada.

Representação espacial, o desenho

Questões para refletir

- Como o ato de desenhar, ao combinar realidade e imaginação, pode ser uma ferramenta significativa para a expressão emocional e o desenvolvimento cognitivo da criança, especialmente ao lidar com sentimentos de afeto ou medo, e de que maneira essas representações gráficas podem enriquecer a compreensão do espaço e do tempo na educação infantil?
- Se você é professora de uma turma de Educação Infantil, solicite às crianças um desenho da escola e, depois, faça uma caminhada pela escola e dialogue sobre os espaços e suas funções. Ao retornar à sala de aula, solicite um novo desenho e observe as diferenças, a criação de equivalentes gráficos e as narrativas sobre os desenhos.
- A partir da concepção da atividade criadora, reflita sobre a relação desejável entre adultos e crianças para atividade de desenho e o desenvolvimento do pensamento espacial.

Para seguir,
a atividade criadora

A atividade de ensino, entendida como a relação entre objetivos e conteúdos, envolve a determinação dos conteúdos a partir dos objetivos, sendo que esses conteúdos materializam os objetivos tanto no planejamento quanto no desenvolvimento do trabalho educativo. O ensino, enquanto componente do trabalho educativo, é o foco do professor. O trabalho educativo é fundamentado pela atividade criadora, por ter como base "a inadaptação, fonte de necessidades, anseios e desejos", conforme Vigotski (2018: 42).

De acordo com a teoria histórico-cultural, tudo que foi criado pela humanidade, todo o mundo da cultura, é diferenciado do mundo da natureza; tudo isso é produto da imaginação e da criação humana. Para criar, é necessário imaginar. A imaginação está na base do trabalho educativo, assim o professor é sujeito fundamental na essência de humanização do ser social. A imaginação junto à memória mobiliza e forma a atividade criadora, o que estrutura o trabalho educativo.

A prática docente envolve uma série de elementos pertencentes à prática social e cultural, uma vez que lida com o conhecimento e a relação de sujeitos conscientes de suas atividades mentais. Este conjunto de fatores nos leva a considerar as dimensões da prática social acerca da formação do ser social em atividades de desenvolvimento humano de aquisição de linguagem, comportamento e consciência das funções cognitivas superiores.

As atividades de ensino, quando partem da prática socioespacial, podem contextualizar e fundamentar os conhecimentos geográficos de modo que a atividade criadora fornece meios para a formação de conceitos relativos ao espaço e suas representações, seus mapeamentos.

Há uma diversidade de mapeamento e o que nos interessa é saber as relações que os sujeitos estabelecem com o espaço e as formas de expressão de seus pensamentos. Os mapas estão presentes no cotidiano, nos jogos, no noticiário, na arte, nos logos de empresas e de organizações como a ONU. Em cada um desses contextos, os mapas assumem características distintas, sempre respondendo ao seu objetivo de comunicar e representar um determinado espaço ou território.

Podemos partir de um exemplo de LandArt, uma forma artística que utiliza do próprio espaço para existir. Jean-Paul Ganen representou os meandros do rio Tietê no Jardim Botânico de São Paulo, de forma a provocar reflexões sobre um rio retificado e esmagado pelas vias que dão espaço aos automóveis. Em um espaço arborizado, um rio de vegetação meândrico denuncia a forma como a sociedade tratou nosso rio. Em suas palavras, em seu site oficial: "No cenário idílico do Jardim Botânico de São Paulo, um canal em miniatura me inspirou a usar plantas para evocar o tema dos rios canalizados. Utilizei o curso do Rio Tietê antes da canalização, para evocar a beleza de suas curvas sinuosas."

É um caminho de vegetação que revela os meandros de um rio retificado, mostra a (re)criação de uma natureza em uma representação espacial. A representação espacial apresenta um passado, não como um mapa histórico, mas como uma obra artística viva e dinâmica. Essa é a

Para seguir, a atividade criadora

concepção que tem nos ajudado a pensar sobre as representações espaciais e as vivências e como elas mudam nossas formas de pensar o espaço e como nos ajudam a expressar como pensamos o espaço.

As linguagens provocam um pensamento e uma reflexão social que podem levar a criticidade, problematizações sobre o ambiente e os cursos d'água no espaço urbano, sobre o contexto histórico da urbanização e a forma como a política tratou os rios na cidade. As problematizações podem mobilizar um pensamento espacial sobre a localização, a conexão, a extensão, a distância deste rio e o arranjo da paisagem ao longo de sua existência. Muitos caminhos podem ser escolhidos para tratar o processo de urbanização e a relação com a natureza, mas todos necessitam das linguagens, mediadoras na formação do conhecimento e na ampliação do pensamento espacial.

Na educação infantil, podemos compreender as diferentes linguagens expressivas da infância tais como a música, a literatura, os desenhos, a pintura, as esculturas, o movimento e o brincar. A escola, um espaço que trata de atividades artísticas, filosóficas e científicas, pode ser um espaço de produção cultural e de escuta sobre a formas de pensar o espaço e os territórios infantis.

Ao longo do livro, procuramos dialogar com fundamentos da psicologia histórico-cultural sobre a concepção do papel da escola na ampliação do pensamento espacial e nos questionamos sobre a relação desta instituição com a formação do sujeito consciente de suas atividades mentais e do espaço. Dessa forma, as atividades educativas intencionais na educação infantil consideram a criança como um ser social que se comunica por meio das diferentes linguagens expressivas e a escola cria condições para a atividade criadora e vivências em constante diálogo com os adultos e outras crianças.

Podemos considerar que o uso das diferentes linguagens na infância pode proporcionar atividades de ensino que também mobilizam a ação docente no sentido da atividade criadora, na qual se realiza enquanto professora e ser social, pois memória e imaginação são mobilizadas a criar e combinar ações de ensino com as de aprendizagem.

A aprendizagem se dá por encadeamentos conceituais, em processo contínuo de construção, os quais se apoiam na produção do conhecimento científico, o que envolve observar, descrever, questionar, classificar, argumentar. Nesse sentido, consideramos para o desenvolvimento humano: o encadeamento de conceitos; a conscientização da própria atividade mental; e a relação entre o sujeito e o conhecimento.

Estes aspectos fazem parte da prática docente, a qual é prática social que pode ser mais ampliada quando instrumentalizada para problematização do espaço e as relações que a sociedade trava com ele. As linguagens criam condições para professoras e crianças desenvolverem um estudo sobre um determinado objeto, como o solo, por exemplo. A linguagem une as pessoas com diferentes aprendizados, como as crianças e os adultos. Diversas linguagens podem contribuir para o desenvolvimento de atividades com as crianças sobre o espaço-tempo, ampliando o conhecimento geográfico, o pensamento espacial e a atividade criadora nas representações gráficas. Algumas dessas linguagens incluem:

a. **A fotografia** – Ao registrar um determinado espaço percorrido, a fotografia promove um diálogo sobre o momento em que foi tirada, os elementos presentes e até mesmo os ausentes, mas que fizeram parte daquele instante. Esse recurso permite refletir sobre o movimento, o tempo e o cotidiano, proporcionando uma percepção mais profunda do espaço vivido.

b. **A literatura infantil** – Ao explorar narrativas com sequência de acontecimentos, momentos e lugares, a literatura mobiliza as relações espaço-tempo, incitando o imaginário infantil. A literatura estabelece uma ponte entre os conhecimentos sistematizados e o universo da infância, sendo um instrumento importante nas práticas escolares.

c. **O brincar** – Linguagem expressiva e tem sua origem na situação imaginária criada pela criança. O jogo simbólico permite que objetos de ação se transformem em objetos de pensamentos. Nesse processo criativo, conceitos científicos podem ser incluídos, além de desenvolverem a percepção por meio da atividade sensorial.

d. **O desenho** – Como linguagem e pensamento, implica o uso de instrumentos e plataformas, como lápis e papel, para representar o que é imaginado ou lembrado. A prática do desenho requer atenção voluntária, além de envolver elementos da iniciação cartográfica, como a criação de equivalentes gráficos, a tradução do volume do objeto real (tridimensional) no objeto gráfico (bidimensional) e o ponto de vista.

O desenho enquanto sistema de representação desenvolvido nas atividades de ensino com as crianças junto às outras linguagens expressivas (fotografia, literatura e a brincadeira) mobilizam um conjunto das funções psíquicas superiores e elementos discursivos sobre os espaços. O mapa de criança condiz com uma representação mental sobre o espaço e consiste em um modelo relacional que leva a considerar o espaço gráfico, o espaço real, o conteúdo empírico e o teórico.

A atividade criadora aliada aos conceitos científicos e aos materiais cartográficos ampliam e fomentam o pensamento espacial e a representação do espaço na construção do ser social. A atividade criadora é permanente, inconclusiva porque lida com o pensamento, o movimento, a realização humana por meio do trabalho. Os trabalhos com os diferentes espaços como a casa, a rua, a escola, o espaço urbano ou rural, o transporte público, as instituições científicas como a universidade ampliam a forma de compreender os lugares e os territórios. Essas atividades que tomam os diferentes espaços e torna a geograficidade mais concreta, porque a criança se realiza e acessa os instrumentos culturais para compreendê-los. O signo enquanto instrumento cultural é resultado da vida social, um meio coletivo que denota uma relação entre processos internos que geram sistemas complexos externos como é a linguagem, como são os mapas das crianças.

Quando mapeia, a criança concretiza seu pensamento espacial e os conhecimentos que podem ser geográficos. Quando mapeia, a criança pensa sobre o objeto que desenha, sobre o lugar que visitou, sobre as ações feitas e possíveis problemas no espaço. Quando mapeia, ela (re)pensa o espaço! O pensamento espacial, portanto, é ampliado, uma vez que a criança realiza-se enquanto sujeito cultural.

> "O DESENVOLVIMENTO DO PENSAMENTO GEO-GRÁFICO GERA UMA CONSCIÊNCIA GEOGRÁFI-CA, UMA CONSCIÊNCIA DAS COISAS, OBJETOS, FENÔMENOS COM OS QUE NOS RELACIONAMOS NA VIDA DIÁRIA, DIRETA OU INDIRETAMENTE. [...] A CONSCIÊNCIA GEOGRÁFICA SE CONSTRÓI A PARTIR DA DIALÉTICA ENTRE PENSAMENTO GEOGRÁFICO QUE É PRODUZIDO PELA CIÊNCIA E O PENSAMENTO SINGULAR DE CADA PESSOA, MAS QUE SE CONSTRÓI EM UMA REALIDADE SOCIAL." (ORTEGA ROCHA; PAGÈS BLANCH, 2021: 329).

A formação de consciência geográfica se desenvolve com base nas funções psíquicas superiores (memória, atenção, imaginação e pensamento) por consistirem em atividades mentais criadoras e que se desenvolvem e ampliam no meio cultural, como a escola. A observação, descrição, questionamentos, análises sobre os elementos que constituem o espaço requerem essas funções e elementos da própria geografia como localização, condição, distribuição, extensão, diferenciação e configuração espacial, relações espaço-tempo e escala.

Durante a infância, a criança toma consciência de seu corpo como parte de um espaço maior e passa a se localizar e a se orientar a partir de referenciais. Isso porque as orientações espaciais como direita/esquerda, frente/atrás e em cima/embaixo, partem dos referenciais de seu corpo e seu deslocamento no espaço, o que remete à relação estreita entre espaço-corpo e espaço-ambiente. Essas orientações básicas e suas formas de representação, seja por gestos, brincadeiras, desenhos ou maquetes, podem ser desenvolvidas por meio de atividades com intencionalidade na educação infantil. Esse processo de desenvolvimento cognitivo através das relações espaciais é primordial para a localização do sujeito e a compreensão do funcionamento da sociedade e fundamental para a formação do ser social, reafirmando a pertinência do desenvolvimento do pensamento espacial desde a educação infantil.

O pensamento espacial não é utilitário para Geografia, é uma atividade cognitiva humana que envolve a existência do ser social no mundo, ultrapassando assim a concepção procedimental, embora envolva uma série de habilidades, como comparar espaços, criar analogias, compreender transições espaciais. Afinal, dominar o espaço é vital, é ordem primeira para a sobrevivência humana e para o reconhecimento da existência social e cultural do sujeito, dotado por diversas linguagens expressivas.

Este livro é fruto da constante reflexão crítica sobre as condições de trabalho para o desenvolvimento humano nas escolas a qual nos leva à contínua atividade criadora.

Referências

AGUIAR, V. T. B. de. Cognição e representação geográfica do espaço. *Sociedade & Natureza, [S. l.]*, v. 11, n. 21/22, 1999. DOI: 10.14393/SN-v11-1999-28471. Disponível em: https://seer.ufu. br/index.php/sociedadenatureza/article/view/28471. Acesso em: 14 jun. 2024.

ALMEIDA, R. D. Proposta metodológica para a compreensão de mapas geográficos. São Paulo, 1994. Tese (doutorado em Educação) – Faculdade de Educação da Universidade de São Paulo. 289 p.

_____. *Do desenho ao mapa*: iniciação cartográfica na escola. São Paulo: Contexto, 2001.

_____. (Org.) *Cartografia escolar*. São Paulo: Contexto, 2010

_____. Cartografia para crianças e escolares: uma área de conhecimento?. *Revista Brasileira de Educação em Geografia, [S. l.]*, v. 7, n. 13, p. 10–20, 2017. DOI: 10.46789/edugeo.v7i13.483. Disponível em: https://www.revistaedugeo.com.br/revistaedugeo/article/view/483. Acesso em: 14 jun. 2024.

_____. Cartografia escolar e pensamento espacial. *Revista Signos Geográficos, [S. l.]*, v. 1, p. 17, 2019. Disponível em: https://revistas.ufg.br/signos/article/view/61540. Acesso em: 14 jun. 2024.

_____; JULIASZ, P. C. S. *Espaço e tempo na Educação Infantil*. São Paulo: Contexto. 2014.

ARCE, A.; MARTINS, L. M. *Quem tem medo de ensinar na educação infantil?*: em defesa do ato de ensinar. Campinas: Alínea, 2. ed. 2010.

ARDILA, A. *Historical development of human cognition*: a cultural-historical neuropsychological perspective. Singapore: Springer, 2018.

BRASIL. *Lei de Diretrizes e Bases da Educação Nacional (LDB)*. Lei 9394, de 20 de dezembro de 1996. Disponível em: <https://www.planalto.gov.br/ccivil_03/Leis/L9394.htm. Acesso em: 17 ago. 2013.

_____. *Lei nº 12.796, de 4 de abril de 2013*. Disponível em: http://www.planalto.gov.br/ccivil_03/_Ato2011-2014/2013/Lei/L12796.htm. Acesso em 15 abr. 2013.

CASSIRER, E. Esencia y efecto del concepto de símbolo. Trad. Carlos Gerjiaiu. México: Fondo de Cultura Económica, 1977.

CATLING, Simon. A geografia dos anos iniciais como desafiadora e perigosa. GEOUSP Espaço e Tempo (Online), São Paulo, Brasil, v. 27, n. 1, p. e-204745, 2023. DOI: 10.11606/issn.2179-0892.geousp.2023.204745. Disponível em: https://www.revistas.usp.br/geousp/article/view/204745. Acesso em: 14 jun. 2024.

CRAMPTON, Jeremy. Maps as social constructions: power, communication and visualization. Progress in Human Geography, v. 25, n. 2, p. 235-252, 2001.

CHEPTULIN, A. A dialética materialista: categorias e leis da dialética. Trad. Leda Rita Cintra Ferraz. São Paulo. Alfa-Omega, 2004.

CHOMBART DE LAUWE, Paul-Henry. Eth(n)ologie de l'espace humain. *Symposium de l'Association Scientifique de langue française*. Paris: Presses Universitaires de France, 1974, p. 233- 241.

DEL PRIORE, M. (Org.) *História das crianças no Brasil*. São Paulo: Contexto, 2013.

FERREIRA, Marcos. *Iniciação à análise geoespacial*: teoria, técnicas e exemplos para geoprocessamento. São Paulo: Editora Unesp, 2014.

FLEER, M.; REY, F. G.; VERESOV, N. Perezhivanie, emotions and subjectivity setting the stage. In: *Perezhivanie, emotions and subjectivity*: advancing Vygotsky's legacy. Singapore: Springer, 2017, p. 1-15.

GERSMEHL, P. J. *Teaching Geography*. New York: Guilford Press, 2008.

GOODNOW, J. *Desenho de crianças*. Trad. Maria Goretti Henriques. Lisboa: Moraes Editores, 1979.

GREIG, P. *A criança e seu desenho*: o nascimento da arte e da escrita. Trad. Fátima Murad. Porto Alegre: Artmed, 2004.

HARVEY, D. *Social Justice and the City*. London: Edward Arnold; Baltimore: John Hopkins University Press, 1973.

_____. O espaço como palavra-chave. *GEOgraphia*, v. 14, n. 28, p. 8-39, 29 abr. 2013.

JAMMER, M. *Conceitos de espaço*: a história do espaço na física. Apresentação Albert Einstein. Trad. Vera Ribeiro. Rev. César Benjamin. Rio de Janeiro: Contraponto; Ed. PUC-Rio, 2009.

JULIASZ, P. C. S. *Tempo, espaço e corpo na representação espacial*: uma contribuição para a educação infantil. Rio Claro, 2012. Dissertação (mestrado em Geografia) – Instituto de Geociência e Ciências Exatas, Universidade Estadual Paulista.

_____. *O pensamento espacial na Educação Infantil*: uma relação entre Geografia e Cartografia. Tese (Doutorado em Educação) – Faculdade de Educação. Universidade de São Paulo, 2017.

LOPES, J. J. M. Geografia das Crianças, Geografias das Infâncias: as contribuições da Geografia para os estudos das crianças e suas infâncias. *Revista Contexto & Educação*, [S. l.], v. 23, n. 79, p. 65–82, 2013. DOI: 10.21527/2179-1309.2008.79.65-82. Disponível em: https://www.revistas.unijui.edu.br/index.php/contextoeducacao/article/view/1052. Acesso em: 14 jun. 2024.

_____. Geografia da infância, justiça existencial e amorosidade espacial. *R. Educ. Públ.*, Cuiabá, v. 31, e12405, jan. 2022. Disponível em: http://educa.fcc.org.br/scielo.php?script=sci_arttext&pid=S2238-20972022000100133&lng=pt&nrm=iso. Acesso em: 21 jan. 2025.

_____; VASCONCELLOS, Tânia de. Geografia da Infância: Territorialidades Infantis. *Currículo Sem Fronteiras: Revista para uma educação crítica e emancipatória*, Niterói, v. 6, n. 1, p.103-127, Jan/Jun. 2006.

LURIA, Aleksandr Romanovich. *Fundamentos de Neuropsicologia*. Trad. Juarez Aranha Ricardo. Rio de Janeiro: Livros Técnicos e Científicos, 1981.

_____. O desenvolvimento da escrita na criança. In: VIGOTSKI, L. S.; LURIA, A. R.; LEONTIEV, A. N. *Linguagem, desenvolvimento e aprendizagem*. 4. ed. Trad. M. da P. Villalobos São Paulo: Ícone, 2012, p. 143-189.

MARTÍ, Eduardo. *Representar el mundo externamente*: la adquisición infantil de los sistemas externos de representación. Madrid: Antonio Machado Libro, 2003.

Referências

MARTINS, I. Dados como diálogo: construindo dados a partir de registros de observação de interações discursivas em salas de aula de ciências. In: SANTOS, F. M. T. dos; GRECA, I. M. (Org.) *A pesquisa em ensino de ciências no Brasil e suas metodologias*. 2. ed. Injuí: Ed. Injuí, 2011, p. 297-321.

MARX, Karl; ENGELS, Friedrich. *A ideologia alemã*. Rio de Janeiro: Paz e Terra, 1987.

MOK, N. On the concept of perezhivanie: a quest for a critical review. In: FLEER, M.; REY, F. G.; VERESOV, N. *Perezhivanie, emotions and subjectivity*: advancing Vygotsky's legacy. Singapore: Springer, 2017, p. 19-45.

MOREIRA, R., *Pensar e ser em geografia*. 2. ed. São Paulo: Contexto, 2011.

MOSCOVICI, S. La conciencia social y su historia. In: CASTORINA, J. A. (Org.) *Representaciones sociales*: problemas teóricos y conocimientos infantiles. Barcelona: Gedisa Editorial, 2003, p. 91-110.

O'CONNOR, Mary-Frances. *O cérebro de luto*: como a mente nos faz aprender com a dor e a perda. Trad. Laura Folgueira. Rio de Janeiro: Principium, 2023.

O'KEEFE, J.; NADEL, L. *The Hippocampus as a Cognitive Map*. Oxford: Clarendon Press, 1978.

ORTEGA ROCHA, E. V.; PAGÈS BLANCH, J. La formación de la conciencia geográfica en el aula. Estudio de casos en educación secundaria en Chile. *Revista de Geografía Norte Grande*, [S. l.], n. 79, p. 325–344, 2021.

PARELLADA, C. A.; CASTORINA, J. A. Uma proposta de diálogo entre a psicologia do desenvolvimento e a cartografia crítica. *Cadernos de Pesquisa*, São Paulo, v. 49, n. 171, p. 244-262, 2019. Disponível em: https://publicacoes.fcc.org.br/cp/article/view/5469. Acesso em: 14 jun. 2024.

PIAGET, J.; INHELDER, B. *A representação do espaço na criança*. Trad. Bernardina Machado de Albuquerque. Porto Alegre: Artes Médicas, 1993.

PILLAR, A. D. *Desenho & escrita como sistemas de representação*. Porto Alegre: Artes Médicas, 1996.

PINO, Angel. A categoria de 'espaço' em psicologia. In: MIGUEL, Antonio; ZAMBONI, Ernesta (Org.). *Representações do espaço*: multidisciplinaridade em Educação. São Paulo: Autores Associados, 1996, v. 1, p. 31-68.

PRESTES, Z. R. *Quando não é a mesma coisa*: traduções de Lev Seminovitch Vigotski no Brasil. Campinas: Autores Associados, 2012.

SANTOS, M. Sociedade e espaço: a formação social como teoria e como método. In: *Espaço e sociedade*. Petrópolis: Vozes, 1979, p. 9-27.

SILVEIRA, Maria Laura. O espaço geográfico: da perspectiva geométrica à perspectiva existencial. *Geousp Espaço e Tempo*, São Paulo, Brasil, v. 10, n. 2, p. 81–91, 2006. DOI: 10.11606/issn.2179-0892.geousp.2006.73991. Disponível em: https://www.revistas.usp.br/geousp/article/view/73991. Acesso em: 14 jun. 2024.

SMOLKA, A. L. B. Estatuto de sujeito, desenvolvimento humano e teorização sobre a criança. In: FREITAS, Marcos Cesar; KUHLMANN, Moysés. (Org.). *Os intelectuais na história da infância*. São Paulo: Cortez, 2002, v. 1, p. 99-127.

STEARNS, P. N. *A infância*. São Paulo: Contexto, 2006.

TOASSA, G. *Emoções e vivências em Vigotski: investigação para uma perspectiva histórico-cultural*. São Paulo, 2009. Tese (doutorado em Psicologia) – Instituto de Psicologia, Universidade de São Paulo.

_____; SOUZA, M. P. R. de. As vivências: questões de tradução, sentidos e fontes epistemológicas no legado de Vigotski. *Psicologia USP*, [S. l.], v. 21, n. 4, 2010. DOI: 10.1590/S0103-65642010000400007. Disponível em: https://repositorio.bc.ufg.br/items/5814bd60-b-855-45e6-87e1-5d1dd35c8436. Acesso em: 12 jun. 2024.

UEBEL, M. P. *O cérebro na infância*: um guia para pais e educadores empenhados em formar crianças felizes e realizadas. São Paulo: Contexto, 2022.

VIGOTSKI, L. S. *A formação social da mente*: o desenvolvimento dos processos psicológicos superiores. Trad. José Cipolla Neto, Luís Silveira Menna Barreto, Solange Castro Afeche. 6. ed. São Paulo: Martins Fontes, 2007.

_____. *A construção do pensamento e da linguagem*. 2. ed. Trad. Paulo Bezerra. São Paulo: Editora WMF Martins Fontes, 2009.

_____. Aprendizagem e desenvolvimento intelectual na idade escolar. In: VIGOTSKI, L. S.; LURIA, A. R.; LEONTIEV, A. N. *Linguagem, desenvolvimento e aprendizagem*. Trad. Maria da Pena Villalobos. 12. ed., São Paulo: Ícone, 2012, p. 103-117.

_____. O Pensamento do Escolar. In: ORSO, P. J. et al. (Orgs.). *Pedagogia histórico-crítica, educação e revolução*: 100 anos da revolução russa. Campinas: Armazém do Ipê, 2017.

_____. *Sete aulas de L. S. Vigotski sobre os fundamentos da pedologia*. Trad. Zoia Prestes, Claudia da Costa Guimarães Santana. Rio de Janeiro: E-Papers, 2018.

WALLOM, H. *A evolução psicológica da criança*. Trad. Claudia Berliner. São Paulo: Martins Fontes, 2007.

_____; LURÇAT, L. *Dessin, espace et schema corporel chez l'enfant*. Paris: Les Éditions E S F, 1987.

WIEGAND, P. *Learning and teaching with maps*. New York: Routledge, 2006.

A autora

Paula C. Strina Juliasz é professora doutora do Departamento de Geografia e do Programa de Pós-Graduação em Geografia Humana da Faculdade de Filosofia, Letras e Ciências Humanas da Universidade de São Paulo (FFLCH-USP), atuando na área de Ensino de Geografia e Cartografia Escolar. Líder do grupo de pesquisa Ser – Linguagens e Pensamento na Educação Geográfica. Doutora em Educação pela Faculdade de Educação da USP, mestra e graduada (bacharelado e licenciatura) em Geografia pela Universidade Estadual Paulista Júlio de Mesquita Filho (Unesp-Rio Claro). Pela Contexto é coautora do livro *Espaço e tempo na educação infantil*.

CADASTRE-SE
EM NOSSO SITE, FIQUE POR DENTRO DAS NOVIDADES E APROVEITE OS MELHORES DESCONTOS

LIVROS NAS ÁREAS DE:

História | Língua Portuguesa
Educação | Geografia | Comunicação
Relações Internacionais | Ciências Sociais
Formação de professor | Interesse geral

ou
editoracontexto.com.br/newscontexto

Siga a Contexto
nas Redes Sociais:
@editoracontexto

GRÁFICA PAYM
Tel. [11] 4392-3344
paym@graficapaym.com.br